Gauri Singh
Ashok Singh

Um livro de texto de Virologia médica

Gauri Singh
Ashok Singh

Um livro de texto de Virologia médica

Virologia médica

ScienciaScripts

Imprint
Any brand names and product names mentioned in this book are subject to trademark, brand or patent protection and are trademarks or registered trademarks of their respective holders. The use of brand names, product names, common names, trade names, product descriptions etc. even without a particular marking in this work is in no way to be construed to mean that such names may be regarded as unrestricted in respect of trademark and brand protection legislation and could thus be used by anyone.

Cover image: www.ingimage.com

This book is a translation from the original published under ISBN 978-3-8484-9089-9.

Publisher:
Sciencia Scripts
is a trademark of
Dodo Books Indian Ocean Ltd. and OmniScriptum S.R.L publishing group

120 High Road, East Finchley, London, N2 9ED, United Kingdom
Str. Armeneasca 28/1, office 1, Chisinau MD-2012, Republic of Moldova, Europe
Printed at: see last page
ISBN: 978-620-8-32008-9

Índice

CAPÍTULO 1.0: PROPRIEDADES GERAIS DOS VÍRUS

Um vírus é uma partícula non-celular e uma entidade submicroscópica constituída por um único ácido nucleico rodeado por um revestimento proteico e capaz de se replicar apenas nas células vivas de bactérias, animais ou plantas

INTRODUÇÃO

1. CharlesChamberland - filtro de chamberland utilizado para estudar TMV
2. Dimitri Ivanowski (1892) - o extrato de folhas de plantas infectadas induziria a doença do mosaico do tabaco mesmo após filtração para remover as bactérias
3. Friedrich Loeffler e Paul Frosh (Alemanha) descobriram que a febre aftosa do gado era também causada por um vírus filtrável
4. Walter Reed - doença da febre amarela
5. Wendell M. Stanley - cristalizou o TMV e descobriu que era em grande parte ou completamente proteico
6. Frederick C. Bawden e Norman W. Pirie - separaram os vírus em proteínas e ácidos nucleicos

CARACTERÍSTICAS

1. Acelular (Sem enzimas metabólicas e sem maquinaria para a produção de proteínas)
2. Os vírus tiram partido da maquinaria metabólica da célula hospedeira codificada pelo cromossoma da célula hospedeira. Para se multiplicarem, os vírus têm de entrar numa célula onde se possam replicar - uma célula hospedeira
3. Parasitas intracelulares obrigatórios: Os vírus são elementos genéticos que se replicam independentemente dos cromossomas de uma célula, mas não independentemente das próprias células
4. As partículas de vírus variam em tamanho - 0,02 a 0,4 μm
5. Sabe-se que os vírus infectam todos os tipos de células

Hospedeiros de vírus

1. Para se propagarem, os vírus **dependem de** células **hospedeiras especializadas** que fornecem a **complexa maquinaria metabólica e biossintética das** células **eucarióticas** ou **procarióticas**.

    i. A maioria dos vírus infecta **apenas um hospedeiro**

    ii. Devido à afinidade das proteínas ou glicoproteínas de superfície do vírus com proteínas ou glicoproteínas complementares da superfície da célula hospedeira

2. Podem ser tão específicas que só infectam um determinado tipo de célula num determinado hospedeiro
3. Generalistas - infectam muitos tipos de células em muitos hospedeiros diferentes

Propriedades gerais dos vírus

Extracellular state	Intracellular
➢ Minute particle containing nucleic acid surrounded by protein & occasionally other macromolecules ➢ In this state virus particle (virion) is metabolically inert ➢ Virion is a structure by which the viral gemome is transferred from the host cell in which it was made to another host cell	➢ Once inside a host cell viral nucleic acid released ➢ Viral replication occurs - New copies of genome produced - Viral coat components synthesised Infection - process that occurs when a virus enters a cell and replicates

Morfologia

➢ **Tamanho**

- 10 a 300 ou 400 nm de diâmetro
- Vírus da varíola (um dos maiores vírus) 200 nm; poliovírus (um dos mais pequenos) 28 nm

➢ **Forma**

Cuboide (adenovírus), alongado (em forma de batata), enrolado (amarelo beterraba), em forma de bala

(vírus da raiva), filamentosos (bacteriófago M13), pleomórficos (mosaico alfa-alfa)

➢ **Estrutura**

Não celular: ausência de núcleo, citoplasma ou membrana celular

Ácido nucleico / Genoma

1. Diferentes dos genomas procarióticos e eucarióticos
2. O material genético primário é o ADN, podendo haver ADN ou ARN, mas nunca ambos
3. O ácido nucleico pode ser de cadeia simples ou de cadeia dupla

   a. Os vírus da gripe têm ácido nucleico em vários segmentos separados (genoma segmentado)

   b. A quantidade de ácido nucleico varia de alguns milhares de nucleótidos até 2,50,000

   C. Devido ao seu tamanho limitado, o genoma codifica apenas algumas proteínas estruturais (para além das proteínas reguladoras não estruturais envolvidas na replicação do vírus).

MORFOLOGIA DO CAPSÍDEO

Segunda maior porção do virião e responsável pela maior parte da massa do vírus

Capsídeo composto por subunidades proteicas denominadas capsómeros/protómeros

O número de capsómeros é caraterístico de um determinado vírus: Vírus do herpes genital (162) e adenovírus (252)

Alguns capsídeos são compostos por um único tipo de proteína; outros são compostos por vários tipos

Nucleocápside - Cápside com o genoma no interior (e tudo o mais que possa estar no interior)

Arquitetura do capsídeo - vários tipos morfológicos

- **Simetria Icosaédrica (CUBIC)** na qual as subunidades proteicas se reúnem
- num invólucro simétrico que cobre o núcleo que contém o ácido nucleico

- A sua forma é derivada de 20 faces triangulares que constituem o capsídeo.
- Num icosaedro, os capsómeros são constituídos por pentâmeros e hexâmeros
- Muitos lados numa forma de poliedro regular com

12 vértices + 20 faces de triângulo

- Hexâmeros: Relação de seis capsómeros vizinhos
- Pentâmeros: Relação de cinco capsómeros vizinhos
- Capsídeo nu: Vírus da adeno e da poliomielite e capsídeo envelopado: Herpes

- **Simetria helicoidal**

- Hastes longas, podem ser rígidas ou flexíveis
- O ácido nucleico viral encontra-se no interior de um capsídeo cilíndrico oco
- Envelope de lipoproteínas rodeado
- Cápside nua: TMV, bacteriófago M13 e capsídeo envelopado: influenza

- **Estrutura complexaEstrutura ZBinal**

- Estruturas complicadas e a simetria do capsídeo não é nem puramente icosaédrica nem helicoidal
- Grande (300 nm), estrutura complicada
- Em forma de tijolo com núcleo e corpos laterais, Env: Poxvírus (varíola, Orf, molusco contagioso), **vírus Ébola**

Conceito de viróides, virusóides, vírus satélite, priões.

Viroides

Os viróides são novos agentes de doenças em plantas; o seu material infecioso consiste numa única molécula circular de ssRNA sem qualquer componente proteico. Em 1971, Theodor Diener, um patologista que trabalhava no Serviço de Investigação Agrícola, descobriu uma partícula acelular a que chamou viroide, que significa "semelhante a um vírus". Os viróides são constituídos apenas por uma curta cadeia de ARN circular capaz de se auto-replicar.

Virusóides

Um segundo tipo de ARN patogénico que pode infetar culturas agrícolas comercialmente importantes são os virusóides, que são partículas subvirais melhor descritas como ssRNAs não auto-replicantes. A replicação do ARN dos virusóides é semelhante à dos viróides mas, ao contrário destes, os virusóides exigem que a célula esteja também infetada com um vírus "auxiliar" específico.

Vírus de satélite

Os satélites são agentes subvirais que diferem dos viróides porque dependem da presença de um vírus auxiliar para a sua propagação. **Os vírus satélite** são partículas que contêm genomas de ácido nucleico que codificam uma proteína estrutural que encapsida o genoma satélite. **Os ARNs satélites** não codificam a proteína do capsídeo, mas são embalados por uma proteína codificada no genoma do vírus auxiliar. Os genomas satélites podem ser ARN de cadeia simples ou ADN ou ARN circular e são replicados por enzimas fornecidas pelo vírus auxiliar.

Príons

Em tempos, os cientistas acreditavam que qualquer partícula infecciosa devia conter ADN ou ARN.

Depois, em 1982, Stanley Prusiner, um médico que estudava o tremor epizoótico (uma doença fatal e degenerativa

doença dos ovinos) descobriu que a doença era causada por uma infeção proteica

partículas, ou priões. Uma vez que as proteínas são acelulares e não contêm ADN ou ARN

Bacteriófagos

Fagos classificados com base na resposta que produzem na célula hospedeira

- **Fago virulento**

Como resultado da infeção de uma bactéria com fago, as partículas de fago replicam-se na célula e a célula é lisada à medida que as partículas são libertadas - **resposta lítica**

- **Fagos de clima temperado**

Após a infeção, o genoma viral não assume a atividade celular do hospedeiro; a célula sobrevive; o ADN viral é incorporado no genoma da célula hospedeira (profago)

Células que transportam genes virais desta forma - **lisogénicas**

As infecções lisogénicas podem evoluir para infecções líticas

Ciclo lítico

1. As proteínas da superfície do vírus ligam-se a proteínas da superfície da célula hospedeira, o que constitui uma especificidade
2. O vírus injecta o seu ADN na célula hospedeira
3. O ADN do vírus desliga-se e assume o controlo da célula hospedeira
4. O vírus utiliza os materiais da célula hospedeira para fazer milhares de cópias do seu próprio revestimento proteico e do seu ADN
5. A célula é lisada (rebenta) e liberta centenas de partículas de vírus

Replicação do vírus

1. **Fixação - adsorção do** virião a uma célula hospedeira suscetível
2. **Penetração (injeção) do virião** ou **do** seu ácido nucleico na célula
3. **Síntese de ácidos nucleicos e proteínas**

a. Fase inicial - o vírus redirecciona o metabolismo celular para sintetizar novos ácidos nucleicos e proteínas virais
b. Fase tardia - são sintetizadas as proteínas estruturais que são subunidades do revestimento viral

4. **Montagem de subunidades estruturais (e**

    a. componentes da membrana em vírus com envelope) e empacotamento do ácido nucleico em novas partículas de vírus

5. **Libertação de viriões maduros da célula**

Ciclo lisogénico

1. As proteínas da superfície do vírus ligam-se a proteínas da superfície da célula hospedeira, o que constitui uma especificidade

2. O vírus injecta o seu ADN na célula hospedeira

3. O ADN viral é inserido no ADN da célula hospedeira

5. O ADN viral é agora conhecido como profago. O profago pode permanecer como parte da célula hospedeira durante muitas gerações

6. O ADN inserido pode ser útil. Pode bloquear a entrada de outros vírus na célula ou criar proteínas úteis

7. Eventualmente, o ADN viral remove-se do ADN da célula hospedeira e começa a reproduzir os vírus

CAPÍTULO 2.0: CLASSIFICAÇÃO DOS VÍRUS

- É o processo de nomear os vírus e de os colocar num sistema taxonómico.
- É objeto de debates e propostas permanentes. Este facto deve-se principalmente à natureza pseudo-viva dos vírus
- Como tal, não se enquadram perfeitamente no sistema de classificação biológica estabelecido para os organismos celulares.

Os vírus são divididos em diferentes grupos taxonómicos com base nas suas caraterísticas

- Natureza do hospedeiro - animal, vegetal, bacteriano, inseto, fúngico
- Ácido nucleico Caraterísticas - ADN ou ARN, de cadeia simples ou dupla
- Simetria do capsídeo - Icosaédrica, Helicoidal, Complexa
- Presença ou ausência de envelope
- Diâmetro do virião ou da nucleocápside
- Número de capsómeros em vírus icosaédricos
- Localização intracelular da replicação viral
- Doença causada/caraterística clínica especial

CLASSIFICAÇÃO DO VÍRUS I - A CLASSIFICAÇÃO DE BALTIMORE

1. Todos os vírus devem produzir ARNm, ou ARN de sentido (+)
2. Uma cadeia complementar de ácido nucleico é (-) sense
3. A classificaçao de Baltimore tem como ponto central + RNA
4. Os seus princípios são fundamentais para a compreensão da classificação dos vírus e da replicação do genoma, mas raramente é utilizado como um sistema de classificação por si só

A **classificação de Baltimore** (David Baltimore) - agrupa os vírus em famílias, consoante a sua

- ✓ tipo de genoma (ADN, ARN, de cadeia simples (ss), de cadeia dupla (ds), etc.) e respetivo método de replicação

- **Grupo I:** vírus de ADN de cadeia dupla

- Os exemplos incluem os Herpesviridae como o HSVl (herpes oral), HSV2 (herpes genital), VZV (varicela), EBV (vírus Epstein-Barr), CMV (citomegalovírus)), Poxviridae (varíola) e muitos bacteriófagos de cauda. Os mimivírus também foram incluídos neste grupo: Adenoviridae e Papovaviridae.

- **Grupo II:** vírus de ADN de cadeia simples

- Os vírus desta categoria incluem os Anelloviridae, Circoviridae e Parvoviridae (que infectam vertebrados), os Geminiviridae e Nanoviridae (que infectam plantas) e os Microviridae (que infectam procariotas)

- **Grupo III:** vírus de ARN de cadeia dupla

- Esta família também não está tão bem estudada como as restantes e inclui duas famílias principais, os Reoviridae e os Bimaviridae.

- **Grupo IV:** Vírus de RNA de cadeia simples com sentido positivo

- Exemplos desta classe incluem as famílias Astroviridae, Caliciviridae, Coronaviridae, Flaviviridae, Picornaviridae, Arteriviridae e Togaviridae, o vírus da hepatite A, os enterovírus, os rinovírus, o poliovírus e o vírus da febre aftosa, o vírus SARS, o vírus da hepatite C, o vírus da febre amarela e o vírus da rubéola.

- **Grupo V:** Vírus de ARN de cadeia simples com sentido negativo

- Os vírus mortais do Ébola e de Marburgo são membros bem conhecidos deste grupo, juntamente com o vírus da gripe, do sarampo, da papeira e da raiva.

- **Grupo VI:** Transcrição reversa Vírus diplóides de ARN de cadeia simples

- Uma família bem estudada desta classe de vírus inclui os retrovírus. Um exemplo bem estudado é o VIH.

CAPÍTULO 3.0: CULTURA DE VÍRUS

Introdução:

Uma cultura é definida como o crescimento ativo ou o cultivo de microrganismos em meios nutritivos. A cultura de microrganismos no laboratório é conseguida através do fornecimento dos nutrientes necessários num meio e de um ambiente favorável ao seu crescimento.

➢ **História da cultura do vírus:**

1. Edward Jenner obteve a vacina contra a varíola das vacas que sofriam desta doença para imunizar os doentes contra a varíola.
2. No início deste século, os vírus animais só podiam ser cultivados em animais vivos como coelhos, porquinhos-da-índia, galinhas, hamsters, etc. Por exemplo, Louis Pasteur desenvolveu a primeira vacina contra a raiva cultivando o vírus em coelhos. Utilizou-a pela primeira vez num ser humano em 1885, quando a administrou a um rapaz de 9 anos que tinha sido mordido por um cão raivoso.
3. O vírus da gripe foi 1st cultivado com êxito em laboratório em furões em 1930.
4. O vírus da poliomielite foi cultivado pela primeira vez em macacos.

Cultivo de vírus:

No entanto, os vírus não podem ser cultivados da mesma forma que as bactérias e outros organismos eucariotas, uma vez que não são capazes de se reproduzir independentemente das suas células hospedeiras. Por conseguinte, foram utilizadas células vegetais, animais e bacteriófagos para o mesmo efeito. Em 1931, Alice M Woodruff e Ernst W. Goodpasture utilizaram ovos embrionados como nutriente para a cultura de alguns vírus. Assim, os vírus são cultivados utilizando estes hospedeiros:

(i) Animais de laboratório (coelhos, porquinhos-da-índia, galinhas, hamsters, etc.)
(ii) Ovos embrionados (embrião de galinha ou de pata)
(iii) Cultura de tecidos (cultura de células, órgãos ou tecidos)

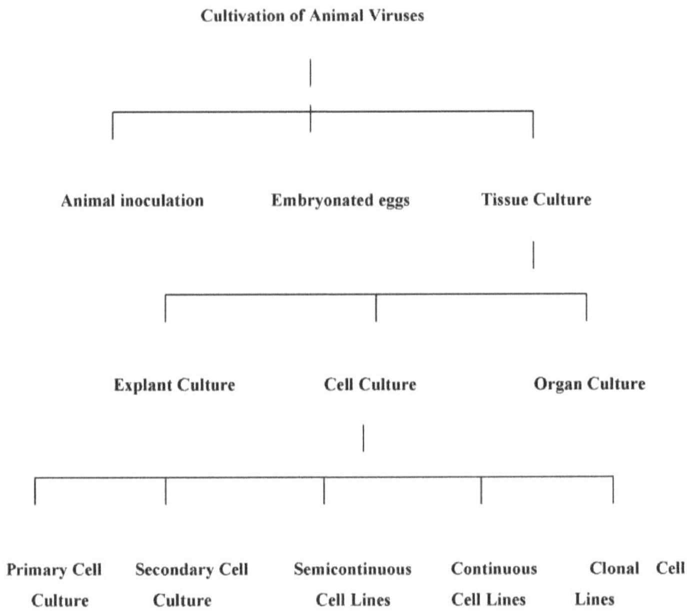

(A) Inoculação animal:

O método mais antigo de cultura de vírus causadores de doenças humanas foi a inoculação em voluntários humanos. Reed e colegas (1900) utilizaram voluntários humanos no seu trabalho pioneiro sobre a febre-amarela. Devido aos graves riscos envolvidos, os voluntários humanos só são utilizados quando não existe outro método disponível e o vírus é relativamente inofensivo. A utilização de ratos brancos, iniciada por Theiler (1903), alargou consideravelmente o âmbito da inoculação animal. Os animais podem ser inoculados por várias vias ou por alimentação com suspensão viral por via oral. A multiplicação é demonstrada por diferentes sistemas de infeção, incluindo *inchaço localizado, gangrena, pirexia, vésicula, encefalite, fraqueza muscular, paralisia ou morte.* Uma vez ocorrida a multiplicação, a passagem posterior pode ser feita na mesma espécie de animais através da inoculação de extrato de tecido infetado. A inoculação animal é também um bom instrumento de diagnóstico porque o animal pode apresentar sintomas típicos da doença e podem ser examinadas secções histológicas (de tecido) de tecidos infectados. São utilizados diferentes animais para a cultura viral, mas os mais frequentemente utilizados são os ratos, que são mais susceptíveis aos vírus. Outros animais utilizados são as cobaias, os coelhos, os hamsters, os furões e certas espécies de macacos. A utilização de animais para a cultura de vírus tem as seguintes desvantagens

(i) São dispendiosos

(ii) Podem albergar vírus latentes.

(iii) A imunidade dos diferentes animais é diferente.

(B) Ovos embrionados:

O ovo de galinha embrionado foi utilizado pela primeira vez para a cultura de vírus por Goodpasture (1931) e o método foi posteriormente desenvolvido por Burnet. Em comparação com os animais de laboratório, o ovo embrionado oferece várias vantagens:

1. São estéreis.
2. Não têm funções imunológicas desenvolvidas.
3. São baratos e estão facilmente disponíveis em todos os sítios.

Os vírus animais estão convenientemente acondicionados nas suas cascas e têm uma resistência natural considerável ao crescimento de bactérias contaminantes. Um ovo fertilizado é incubado durante cerca de 6-8 dias após a postura. A casca do ovo actua como um petrificador natural para o meio nutriente. Para preparar o ovo para a cultura de vírus, a superfície da casca é primeiro desinfectada com iodo e depois penetrada com uma pequena broca esterilizada. Após a inoculação, a abertura pode ser selada com gelatina ou cera de parafina e o ovo é incubado a 37 °C durante o tempo necessário para o crescimento do vírus. Os vírus podem ser capazes de se reproduzir apenas em determinadas partes do embrião, pelo que devem ser injectados na região adequada. O ovo embrionado oferece vários locais para a cultura de vírus:

1. O vírus do mixoma ou o vírus da vaccinia desenvolvem-se bem na membrana corioalantóica.

2. O vírus da papeira, da gripe, da varíola e da febre amarela prefere a cavidade alantóica.

3. Ricketttsia, psitacose, linfogranuloma, vírus da raiva e febre amarela crescem no saco vitelino.

A infeção pode produzir uma lesão tecidular local, conhecida como pústula. As marcas são produzidas no caso de vírus como o Variola, Vaccinia, Cowpox, Herpes, etc. e têm um valor diagnóstico. No saco amniótico ou alantóico, a multiplicação de Myxovirus, em particular, é indicada pelo aparecimento de hemeaglutinina e de um agente de fixação do complemento. As técnicas do embrião de pinto foram também utilizadas para a produção de vacinas contra a varíola, a febre amarela, a gripe e outras doenças e em testes imunológicos em que é necessária uma grande quantidade de vírus. Os ovos de pata são maiores e têm um período de incubação mais longo do que os ovos de galinha. Por conseguinte, proporcionam uma melhor produção de vírus da raiva e são utilizados para a preparação de vacinas anti-rábicas não neurais.

(C) Cultura de tecidos:

As culturas de tecidos são células vegetais ou animais cultivadas no laboratório em meios especializados. Os métodos de cultura de tecidos foram desenvolvidos para cultivar vírus in vitro, uma vez que os vírus são parasitas intracelulares obrigatórios. As clamídias, as rickettsias e algumas Spirochaetes também são cultivadas em culturas de tecidos. As culturas de tecidos são também utilizadas para produzir produtos de origem animal e vegetal, como as hormonas. São geralmente mais convenientes e mais económicas para trabalhar com elas do que com plantas ou animais vivos. No entanto, também requerem um manuseamento e preparação cuidadosos para evitar a contaminação com microrganismos que podem matar as células. Embora tenham as suas limitações, as culturas de tecidos são elementos-chave na investigação médica. Os seguintes tipos de técnicas de cultura de tecidos são utilizados para a cultura de vírus animais:

(i) Cultura de órgãos:

Pequenos pedaços de órgãos podem ser mantidos in vitro durante dias e semanas, presumindo a sua arquitetura e função originais. A cultura de órgãos é útil para o isolamento de alguns vírus que parecem ser parasitas altamente especializados de certos órgãos. Por exemplo, a cultura de órgãos do anel traqueal é utilizada para o isolamento do vírus corona, um vírus respiratório patogénico.

(ii) Explicação da cultura:

Fragmentos de tecido picado podem ser cultivados em cultura como "expiantes" embebidos em coágulos de plasma. Também podem ser cultivados em suspensão. Era isto que se designava inicialmente por "cultura de tecidos". No entanto, este método não é atualmente utilizado com frequência em virologia. As culturas de explantes de tecido adenoideu foram utilizadas para o isolamento de adenovírus.

(iii) Cultura celular:

Quando as células são removidas dos fragmentos dos seus órgãos antes ou durante o cultivo, interrompendo assim as suas relações normais com as células vizinhas, chama-se Cultura de Células.

[st]Embora a cultura de células animais tenha sido efectuada com sucesso por Ross Harrison em 1907, só no final da década de 1940 é que se tornou um instrumento amplamente utilizado pelos cientistas. Este facto deveu-se a três desenvolvimentos importantes

1. Produção de antibióticos que impedem a contaminação por bactérias e fungos.
2. Desenvolvimento de técnicas como a utilização de tripsina para remover as células dos recipientes de cultura, necessárias para obter linhas celulares de crescimento contínuo
3. Desenvolvimento de meios de cultura quimicamente definidos e normalizados que facilitaram muito o crescimento das células.

Estas três áreas combinaram-se para permitir que muitos mais cientistas utilizem a cultura de células, tecidos e órgãos na sua investigação.

Técnica de cultura celular

Animal cell culture in monolayer form is prepared in petridish and inoculated with virus inoculum

↓

Covered with thin layer of agar to limit the spread of virus particle

↓

Viral multiplication leads to cell death

↓

Plaques (cellular lysis and destruction)

↓

No. of plaques ∝ no. of infectious virus particles present

*** As placas podem ser detectadas com corantes como o vermelho neutro**

A cultura de células é de cinco tipos, com base na *sua origem, no seu carácter cromossómico e no número de gerações através das quais podem ser mantidas.*

a) Cultura primária de células:

Cultivadas diretamente a partir de tecido vivo (músculo, vasos sanguíneos, fibroblastos)

Cultura iniciada imediatamente após o abate do animal e não pode ser mantida em cultura em série.

Procedimento:

1. Excisão de rim de coelho (assepticamente)
2. Lavagem com solução salina estéril.
3. O tecido é picado e adiciona-se uma solução de tripsina
4. Incubar à temperatura ambiente durante várias horas num balão.
5. A tripsina é proteolítica e provoca a desintegração das células.
6. Células separadas por centrifugação e lavagem
7. Ressuspensão das células aglomeradas em meio de crescimento.

   Cultivo: Células diluídas em meio de crescimento e distribuídas em tubos/perfis.

Composição do meio de crescimento: (depende do tipo de células)

1. Sal
2. Tampão
3. Vitamina
4. Soro animal - 20%
5. Antibióticos
6. pH - 7,4 (mas pode variar consoante os tipos de células)

b) Cultura de células secundárias

Obtido a partir de monocamadas primárias para fins comerciais e para fins que exijam grandes volumes de vírus.

Lavagem, Ca deficiente^{+2} , Mg^{+2} ,(EDTA) Suspenso em recipientes de cultura frescos.

c) Estirpe celular semi - contínua (diploide) (2n)

Fibroblasto (2n) como embrião parental

Utilizado para o isolamento de alguns vírus fastidiosos e para a produção de vacinas virais.

Depois de 50 subculturas em série, a senescência e a linhagem celular perdem-se.

d) Linhas celulares contínuas (n)

Tipo de célula única, capaz de crescimento infinito in vitro.

Normalmente derivado de células cancerígenas (origem epitelial)

O crescimento é mais rápido e contínuo (imortal)

As linhas celulares contínuas padrão foram derivadas em 1951 de um cancro humano - células HeLa (Henrietta Lacks; cancro do colo do útero).

Preparação não segura de vacinas, exceto células Vero para a vacina contra a raiva.

Comercialmente disponíveis: linhas de células HeLa, Hep-2 e KB utilizadas em todo o mundo

e) **Linhas celulares clonais**

Isolamento de células individuais

Clonados (células obtidas que são idênticas à célula-mãe)

Por exemplo, linha celular clonal (células de pulmão, rim, HeLa disponíveis no mercado).

- **Deteção do crescimento do vírus em cultura de células:**

Para além da formação de placas, o crescimento do vírus também pode ser detectado nas culturas de células através de efeitos que incluem a formação de células gigantes (policariócitos ou formação de Syncitium), a criação de alterações genéticas, tais como quebras cromossómicas, a introdução da produção de interferão através da infeção de células saudáveis, o aparecimento de marcas ou lesões necróticas na membrana corioalantóica de ovos embrionados e a formação de corpos de inclusão. Existem algumas evidências para confirmar se o crescimento dos vírus ocorreu ou não. Estas são as seguintes:

1. **Observação do efeito citopático (CPE):**
   O crescimento viral nem sempre resulta na lise das células para formar uma placa. Muitos vírus causam alterações morfológicas nas células de cultura em que crescem. Estas alterações podem ser facilmente observadas por exame microscópico ou macroscópico da cultura e são conhecidas como efeitos citopáticos. São observados diferentes efeitos citopáticos em diferentes vírus, que incluem o arredondamento das células, o descolamento das células das superfícies de vidro, a degeneração ou lise das células e a formação de corpos de inclusão.

2. **Organismos de inclusão:**
   O corpo de inclusão é um tipo de ECP, que é uma estrutura intracelular anómala.

Os corpos de inclusão são massas globulares intracelulares específicas do vírus, produzidas durante a replicação do vírus na célula hospedeira e visíveis ao microscópio ótico. Assim, os corpos de inclusão são importantes, uma vez que a sua presença pode ajudar na identificação de muitos tipos de vírus. Vários tipos de corpos de inclusão produzidos por vírus em determinados tecidos hospedeiros

(a) Corpo de Guarnieri do vírus Variola (varíola) no citoplasma de uma célula da córnea de coelho.

(b) Corpos de Negri no citoplasma de células nervosas infectadas com o vírus da raiva.

(c) Corpos de Bollinger no citoplasma de uma célula infetada com o vírus da varíola das galinhas.

(d) Formação de células gigantes na infeção pelo vírus Herpes, que ocorre como resultado da conglomeração de vários núcleos. Cada núcleo contém um grande corpo de inclusão rodeado por um "halo" claro.

3. **Ensaios de placa viral:**

Esta técnica tem sido utilizada para estimar o número de partículas infecciosas presentes numa amostra.

(a) Em primeiro lugar, as células são cultivadas na superfície de uma placa de Petri ou de frascos de cultura até as células cobrirem a superfície da placa, formando uma monocamada de células.
(b) Em seguida, o material do vírus é adicionado à cultura e incubado durante um curto período (60 minutos) para permitir que o vírus se ligue às células.
(c) A monocamada é então coberta com uma mistura fundida de ágar e nutrientes e o ágar é deixado endurecer antes da incubação e contém um corante que é absorvido pelas células à medida que crescem no meio. Quando uma célula morre, liberta o corante.
(d) Após alguns dias, a monocamada de células é examinada para detetar a presença de placas (áreas não coradas da monocamada). O ágar limita a propagação de vírus recém-criados de célula para célula e cada placa representa uma área onde uma única célula foi originalmente infetada.

4. **Hemeadsorção:**

A adsorção de hemácias às células infectadas na cultura de tecidos é chamada de hemadsorção. A eluição das hemácias ocorre a uma temperatura que depende do tipo de vírus. Por exemplo, 4° C para o vírus da parainfluenza e 37° C para o vírus da papeira.

5. **Inibição das actividades metabólicas:**

As células infectadas com o vírus apresentam CPE ou citólise. Esta situação é indicada pela produção de ácido, que pode ser detectada utilizando um indicador de cor (vermelho de fenol).

6. **Hemeaglutinação:**

Alguns ortomixovírus, como o vírus da gripe, o vírus da papeira e alguns paramixovírus, provocam hemeaglutinação. Tal deve-se à destruição dos receptores nas células dos vírus hospedeiros pela enzima destruidora de receptores do vírus. As hemácias de aves e de outras espécies de mamíferos são aglutinadas pelas partículas do vírus.

7. **Interferências:**

A cultura de um vírus citopatogénico numa cultura de células pode ser testada através da inoculação da cultura com um segundo vírus que apresente efeito citopático. O crescimento do primeiro vírus interfere com o crescimento do segundo vírus.

- **Contaminação:**

A contaminação é um problema grave causado por um manuseamento incorreto, contaminação cruzada, contaminação bacteriana, viral e por micoplasma nas linhas celulares. A contaminação das culturas celulares é de dois tipos:

(a) Contaminação química - É a mais difícil de detetar e é causada por endotoxinas, plastificantes, iões metálicos ou vestígios de desinfectantes químicos.

(b) Contaminação biológica - Estes contaminantes são de crescimento rápido, como leveduras, bactérias e fungos, e geralmente têm efeitos visíveis na cultura, como alterações na turbidez ou no pH do meio. A contaminação pode ser evitada da seguinte forma:

i) Formação adequada e boa utilização de técnicas anti-sépticas por parte dos trabalhadores das culturas celulares.

ii) Equipamento, material de plástico, material de vidro e meios de comunicação corretamente concebidos, mantidos e esterilizados.

➢ **Aplicações da técnica de cultura celular:**

Algumas das áreas importantes em que a cultura de células desempenha atualmente um papel fundamental são:

1. **Virologia:** Uma das primeiras e principais utilizações da cultura de células é a replicação de vírus em culturas de células para a produção de vacinas. Basicamente, é utilizada para a deteção clínica e o isolamento de vírus, bem como para a investigação básica sobre a forma como estes crescem e infectam os organismos.

2. **Sistemas modelo:** A cultura de células é um bom sistema modelo para estudar:

    a) Biologia celular e bioquímica de base,

    b) As interações entre os agentes causadores de doenças e as células,

    c) Os efeitos dos medicamentos nas células,

    d) O processo e os factores que desencadeiam o envelhecimento, e

    e) Estudos nutricionais.

3. **Investigação sobre o cancro:** Uma vez que tanto as células normais como as cancerosas podem ser cultivadas em cultura, é possível estudar a diferença básica entre elas. É também possível estudar a utilização de produtos químicos, vírus e radiações para converter células normais em células cancerígenas. Podem também servir como um sistema para determinar os medicamentos e métodos adequados para destruir seletivamente vários tipos de cancro.

4. **Testes de toxicidade:** As células de cultura são amplamente utilizadas isoladamente ou em conjugação com testes em animais para estudar os efeitos de novos medicamentos, cosméticos e produtos químicos na sobrevivência e crescimento numa variedade de tipos de células, especialmente culturas de células derivadas do rim e do fígado.

5. **Fabrico baseado em células:** Produção em grande escala de vírus para utilização na produção de vacinas contra doenças como a poliomielite, a raiva, a varicela, a hepatite B e o sarampo. A produção de proteínas de valor comercial e medicinal através de técnicas recombinantes utilizando a cultura de células, como os anticorpos monoclonais, a insulina, as hormonas, etc., são algumas das aplicações da cultura de células. A utilização de células como tecidos e órgãos de substituição são algumas das aplicações potenciais da cultura de células.
6. **Engenharia genética:** A capacidade de transfectar ou reprogramar células de cultura com novo material genético provou ser uma ferramenta importante para os biólogos moleculares que desejam estudar os efeitos celulares da expressão desses genes e também produzi-los em grande quantidade para estudos posteriores.

7. **Terapia génica:** As células podem ser retiradas de um doente que não tenha um gene funcional e o gene em falta ou danificado pode ser substituído, quer depois de as cultivar durante algum tempo em cultura e depois de as substituir no doente, quer colocando o gene em falta num vetor viral e depois infectando o doente para o expressar.

8. **Rastreio e desenvolvimento de medicamentos:** Estes são utilizados para testes de citotoxicidade e para o rastreio de elevado rendimento de compostos que podem ter uma utilização potencial como medicamentos.
9. **Aconselhamento genético:** A amniocentese, uma técnica de diagnóstico que permite aos médicos remover e cultivar células fetais de mulheres grávidas, para o diagnóstico precoce de doenças. Estas células podem então ser

examinadas para detetar anomalias nos seus cromossomas e genes utilizando cariotipagem, pintura cromossómica e outras técnicas moleculares.

- **Vantagens das culturas de tecidos:**

1. Controlo do ambiente: As duas principais vantagens da cultura de tecidos são o controlo do ambiente físico-químico (pH, temperatura, pressão osmótica e tensão de O2 ou C02) e as condições fisiológicas, que podem ser mantidas relativamente constantes, mas nem sempre podem ser definidas (por exemplo, a necessidade de suplementos indefinidos, como o soro, etc.)

2. Caracterização e homogeneidade da amostra: As culturas primárias são invariavelmente heterogéneas. As culturas secundárias e terciárias tornam-se relativamente mais homogéneas.

3. Escala económica: Os testes de rastreio com muitas variáveis e réplicas são mais baratos e evitam-se as questões legais, morais e éticas da experimentação animal.

- **Limitações das culturas de tecidos:**

1. Competências: As condições de cultura de tecidos requerem um ambiente complexo que estimule o plasma sanguíneo ou o fluido intersticial. Estas condições implicam um nível de competência e compreensão.

2. Quantidade: Uma das principais limitações da cultura de células é o dispêndio de esforços e materiais necessários para a produção de relativamente pouco tecido. O custo da produção de células em culturas é cerca de 10 vezes superior ao da utilização de tecidos animais.

CAPÍTULO 4.0: POXVÍRUS

1. Os poxvírus são os maiores vírus que infectam os vertebrados e podem ser vistos ao microscópio de luz.
2. Estes vírus infectam seres humanos, animais, aves e insectos.
3. Os vírus mais complexos e muito resistentes à inativação.
4. As doenças causadas pelos poxvírus caracterizam-se por lesões cutâneas que podem ser localizadas ou generalizadas.
5. Todos os poxvírus pertencem à família Poxviridae

CLASSIFICAÇÃO

Subfamily:	Genus:	Members:
Chordopoxvirinae	Avipoxvirus	fowlpox virus
	Capripoxvirus	sheeppox virus
	Leporipoxvirus	myxoma virus
	Molluscipoxvirus	Molluscum contagiosum
	Orthopoxvirus	vaccinia virus
	Parapoxvirus	orf virus
	Suipoxvirus	swinepox virus
	Yatapoxvirus	Yaba monkey tumor virus
Entomopoxvirinae	Entomopoxvirus A	Melolontha melolontha entomopoxvirus
	Entomopoxvirus B	
	Entomopoxvirus C	

VÍRUS VARIOLA

1. O vírus da varíola é o agente causador da varíola.
2. [th]A varíola foi a primeira doença viral erradicada do mundo (1997) e a OMS, em 8 de maio de 1980, anunciou a erradicação global da varíola.
3. Era considerada uma praga da humanidade que causava morte e desfiguração.
4. A varíola costumava apresentar-se sob duas formas - Florid e Alastrim.
5. **Florida:** Também designada por varíola clássica, causada pela Variola major, é uma doença altamente fatal e ocorre normalmente na Ásia.
6. **Alastrim:** O mesmo período de incubação, modo de transmissão e apresentação clínica que a varíola clássica. Causada pela Variola major. É ligeira e não mortal,

sendo típica da América Latina. Ambas são antigenicamente idênticas, mas diferentes em termos de caraterísticas biológicas. São variantes estáveis porque o alastrim não conduziu à varíola e vice-versa.

VACCINIA VIRUS

1. O vírus Vaccinia está intimamente relacionado com a família de vírus da varíola, que foi originalmente utilizada como vacina, derivada da vacina original de Jenner contra a varíola bovina.
2. Com o tempo, sofreu algumas alterações permanentes e, por conseguinte, é facilmente diferenciado dos novos isolados de varíola bovina e varíola.
3. Trata-se de um "vírus artificial" e não existe na natureza enquanto tal.
4. O vírus Vaccinia é um grande mistério na virologia.
5. Utilizações do vírus Vaccinia
6. Como pode acomodar cerca de 25 000 pares de bases estranhas, está a ser utilizado como avector para o desenvolvimento de vacinas recombinantes.

MORFOLOGIA

1. O Virion tem a forma de um tijolo.
2. O tamanho do virião é de 300x200xl00nm, pelo que pode ser visto ao microscópio de luz.
3. Consiste numa membrana de dupla camada, rica em proteínas, que torna o vírus resistente a desinfectantes e anti-sépticos.
4. O genoma viral é um grande ADN linear de cadeia dupla.
5. De cada lado do nucleoide existe uma estrutura em forma de lente denominada "corpo lateral". Devido a estes corpos laterais, o núcleo tem a forma de um haltere.
6. Em 1906, Paschen demonstrou os corpos elimentares (corpos de Paschen) de lesões de varíola.

PROPRIEDADES FÍSICAS E QUÍMICAS

1. Estável quando protegido da luz solar.
2. Mantém-se viável durante meses à temperatura ambiente.
3. Em condições de frio e liofilização, sobrevivem durante anos.

4. Suscetível às luzes UV e outras irradiações.

5. Resistente ao glicerol a 50% e ao fenol a 1% e inactivado pela formalina e por desinfectantes oxidantes.

6. A multiplicação do vírus tem lugar no citoplasma.

CULTIVO E GAMA DE HOSPEDEIROS

Os vírus Variola e Vaccinia podem ser diferenciados pelas suas caraterísticas de crescimento.

Embrião de **galinha** Ambos crescem na CAM de embriões de galinha com 11-15 dias de idade, produzindo galhas em 48-72 dias.

As varíolas são lesões pequenas, brilhantes, brancas e não necróticas.

As galhas de vaccinia são lesões maiores, irregulares, planas e necróticas.

SMALLPOX

1. A varíola é uma doença exantemática causada pela varíola.

2. Tratava-se de uma infeção exclusivamente humana, sem reservatório animal.

3. Não há portadores, uma vez que o vírus foi completamente eliminado do doente após a recuperação.

Origem da infeção

1. Doente na fase inicial da doença.
2. Período de infeção.

Transmissão

1. De lesões cutâneas por contacto pessoa a pessoa.
2. Inicialmente, o vírus é transmitido pelo trato respiratório superior através de secreções em gotículas ou pela contaminação de bebidas.

Sintomas

Febre, mal-estar, dores de cabeça e no corpo, vómitos ocasionais, erupções cutâneas, pústulas.

Caraterísticas clínicas - são as fases da doença

O Incubação - Assintomática, em média 12-14 dias, e o doente não é infecioso durante esta fase.

Fases prodrómicas - sintomas comuns como febre alta, com uma duração de 3-5 dias até ao desenvolvimento da infeção da mucosa.

Fase eruptiva (erupção cutânea) - a erupção começa no tronco e espalha-se para o exterior.

Fase de desenvolvimento da erupção cutânea - começa por ser macular; depois papular; vesículas profundas e tensas; pústulas profundas; sarna no dia 9; sarna sepárete

PATOGENESE

1. O vírus entra através do trato respiratório e semeia a membrana mucosa.
2. Passa rapidamente para os gânglios linfáticos regionais e ocorre viremia.
3. O vírus multiplica-se no sistema de monócitos e macrófagos durante o período de latência de 4-14 dias.
4. Fago prodrómico (2-3 dias) - a membrana mucosa da boca e da faringe fica infetada e observam-se sintomas.
5. Invade o epitélio capilar da pele, resultando no desenvolvimento de lesões que começam como erupções, depois pápulas- vesículas- pústulas- crostas- descamação.
6. Se a morte ocorrer devido à varíola, é devido a toxemia.

DIAGNÓSTICO LABORATORIAL

Amostra

Sangue na fase inicial (apenas em casos graves) em todos os outros casos, é colhida uma amostra da lesão eruptiva, podendo também ser colhidos esfregaços da garganta

A deteção do antigénio do vírus pode ser feita por PCR ou ELISA.

O isolamento do vírus é efectuado em laboratório com os mais elevados níveis de segurança biológica.

Para um diagnóstico rápido, é utilizado o microscópio eletrónico, no qual se pode observar a morfologia distinta do virião

MOLUSCO CONTAGIOSO

- O molusco contagioso é uma infeção viral da pele que provoca pápulas ou nódulos elevados, semelhantes a pérolas, na pele.

- O molusco contagioso é causado por um vírus que pertence à família dos poxvírus. A infeção pode ser contraída de várias formas diferentes.
- Esta é uma infeção comum nas crianças e ocorre quando uma criança entra em contacto direto com uma lesão. É frequentemente observada na face, no pescoço, nas axilas, nos braços e nas mãos, mas pode ocorrer em qualquer parte do corpo, exceto nas palmas das mãos e nas plantas dos pés.
- O vírus pode propagar-se através do contacto com objectos contaminados, como toalhas, roupas ou brinquedos.
- O vírus também se propaga por contacto sexual. As lesões iniciais nos órgãos genitais podem ser confundidas com herpes ou verrugas mas, ao contrário do herpes, estas lesões são indolores.
- As pessoas com um sistema imunitário enfraquecido (devido a doenças como a SIDA) podem ter um caso de molusco contagioso que se agrava rapidamente.

Sintomas

Normalmente, a lesão do molusco começa como uma pápula pequena e indolor que pode tornar-se num nódulo nacarado e cor de carne. A pápula tem frequentemente uma covinha no centro. Estas pápulas podem aparecer em linhas, onde a pessoa se coçou. O coçar ou outra irritação faz com que o vírus se espalhe numa linha ou em grupos, denominados culturas.

As pápulas têm cerca de 2-5 milímetros de largura. Normalmente não há inflamação e, consequentemente, não há vermelhidão, a não ser que tenha estado a escavar ou a coçar as lesões.

A lesão cutânea tem normalmente um núcleo central ou um tampão de material branco, pastoso ou ceroso.

Nos adultos, as lesões são normalmente observadas nos órgãos genitais, no abdómen e na parte interna da coxa.

Tratamento

Nas pessoas com um sistema imunitário normal, a doença desaparece normalmente por si só ao longo de um período de meses a anos.

As pessoas com um sistema imunitário comprometido (como a SIDA) podem ter um caso de molusco contagioso que se agrava rapidamente.

As lesões individuais podem ser removidas cirurgicamente, por raspagem, descoloração, congelação ou através de eletrocirurgia com agulha. A remoção cirúrgica de lesões individuais pode resultar em cicatrizes.

Os medicamentos, como os utilizados para remover verrugas, podem ser úteis na remoção das lesões, mas podem causar bolhas que levam a uma descoloração temporária da pele. A cantaridina, vulgarmente designada por "sumo de escaravelho", é a solução mais comum utilizada para tratar as lesões. Também pode ser prescrito creme de tretinoína ou creme de imiquimod.

O molusco contagioso é uma doença auto-limitada, o que significa que se cura se não for tratada. No entanto, nesse caso, pode demorar até seis meses. Algumas medidas de tratamento podem encurtar a duração e reduzir as alterações de propagação. É contagioso até as borbulhas desaparecerem - o que, se não for tratado, pode demorar até 6 meses ou mais. O tempo entre a infeção e o aparecimento das lesões varia entre 2 semanas e 6 meses, com um período de incubação médio de 6 semanas.

O vírus do molusco não pode ser cultivado por rotina no laboratório.

Complicações

Persistência, disseminação ou recorrência de lesões
Infecções bacterianas secundárias da pele

Prevenção

Evitar o contacto direto com as lesões cutâneas. Não partilhar toalhas com outras pessoas.

Evitar o sexo também pode prevenir o vírus do molusco e outras DST. Também pode evitar as DST mantendo uma relação sexual monogâmica com um parceiro que se saiba estar livre de doenças.

CAPÍTULO 5.0: VÍRUS HERPES

Derivado da palavra latina "herpein" que significa rastejar.

São de 100 tipos.

Afectam tanto os seres humanos como os animais.

Têm uma capacidade caraterística de causar infecções latentes e de se reactivarem periodicamente.

Os tipos têm a mesma morfologia, mas são antigenicamente diferentes. O capsídeo viral é icosaédrico.

Composto por 162 capsómeros, com o núcleo contendo um genoma de dsDNA linear.

Nucleocápside rodeado por um invólucro lipídico, que é uma membrana nuclear modificada da célula hospedeira adquirida durante o brotamento (replicação).

O envelope tem picos superficiais, com 8 nm de comprimento.

Tegumento - uma estrutura amorfa entre o envelope e o capsídeo, com muitas proteínas.

Tamanho - IOOnm para os viriões não envelopados e 200 nm para os envelopados.

O vírus replica-se no núcleo da célula hospedeira.

Efeitos citopáticos - Formação de corpos de inclusão intranucleares do tipo Cowdry A (Lipschutz).

Suscetível a solventes gordos como o álcool, o éter, o clorofórmio e os sais biliares.

Lábil ao calor armazenado a -70C.

Cresce em rim de macaco/coelho, âmnio humano, linhas celulares contínuas HeLa.

ECP - focos definidos com células amontoadas, formação de células sinciciais/gigantes.

Na CAM de ovos - pequenas (>0,5 mm) marcas brancas não necróticas.

Ambos apresentam reacções cruzadas.

As diferenças antigénicas são mostradas com base no Ab monoclonal específico do tipo.

Também diferem com base na análise de endonuclease de restrição do ADN viral.

8 tipos de herpesvírus têm o ser humano como principal hospedeiro.

Designados por "herpesvírus humano tipos 1-8".

A família do herpes não tem um antigénio de grupo comum.

Não há reação cruzada antigénica significativa, exceto entre os tipos 1 e 2 do herpes simplex.

A infeção latenteZquente é proeminente em pessoas imunodeprimidas , o vírus nunca é completamente eliminado do corpo.

A família Herpesviridae está dividida em 3 subfamílias (biológica, física e genética) propriedades) :- ***Alfaherpesvírus, Betaherpesvírus*** e ***Gammaherpesvírus***

ALFA-HERPESVÍRUS

Ciclo replicativo curto - 12 a 18 horas.

Gama variável de anfitriões.

Pode causar infeção latente nos gânglios sensoriais (raízes nervosas).

Em cultura - CPE rápido e libertação de vírus infecciosos de células como HSV, VZV, etc.

VÍRUS DO HERPES BETA

Replicação lenta, ciclo longo - mais de 24 horas.

Gama estreita de hospedeiros.

Cresce melhor em fibroblastos, causando citomegalia.

Causa infeção latente das glândulas salivares e de outros órgãos.

Em cultura - CPE lento e o vírus permanece associado às células, tal como o CMV.

VÍRUS GAMA-HERPES

Gama estreita de hospedeiros.

Replicar em células Iymphoblastoid.

Específico para linfócitos B ou T.

Causa frequentemente uma infeção latente no tecido linfoide, tal como o EBV.

PATOGENESE

Infecções mais comuns nos seres humanos (único hospedeiro natural), com 60 a 90% dos adultos com Ab detetável. Infeção primária - na primeira infância, 2-5 anos.

Fontes de infeção - saliva, lesões cutâneas, secreções respiratórias, portadores assintomáticos.

Transmissão - contacto próximo, venéreo (herpes genital).

O vírus entra através da pele ou da membrana mucosa, multiplica-se localmente, com propagação célula a célula.

Entra nas fibras nervosas cutâneas e depois replica-se nos gânglios.

Migração centrífuga - gânglios para a pele e mucosas causando lesões cutâneas/mucosas.

Permanece latente nos gânglios dos nervos trigémeo (HSV 1) e sacro 1 (HSV 2), podendo ser reativado e causar lesões orais e genitais.

A imunidade mediada por células é mais eficaz para resistir e recuperar do VHS.

Ab pode não prevenir infecções recorrentes, mas reduz a gravidade.

O HSV é grave em pessoas com VIH e imunodeficientes.

Lesões de herpes - vesículas de paredes finas, umbilicadas, cujo teto se rompe deixando pequenas úlceras superficiais. Cicatrizam sem deixar cicatrizes.

O HSV1 afecta "acima da cintura" e o HSV 2 "abaixo da cintura O HSV 2 proporciona alguma proteção contra o HSV1, mas não vice-versa.

CARACTERÍSTICAS CLÍNICAS

Depende - do local da infeção, da idade e do estado imunitário do hospedeiro, do tipo antigénico do vírus.

INFECÇÕES CUTÂNEAS

- mais frequentemente nas bochechas, no queixo, à volta da boca ou na testa.
- nas nádegas dos bebés (erupção cutânea).
- um herpes labial típico ou herpes fibrilar devido à reativação viral em doentes febris.
- Em pessoas sensíveis, a constipação comum, o sol, a tensão mental também podem causar o herpes labial.
- Brancura herpética - em médicos, dentistas, enfermeiros.

MUCOSAL

- parte afetada da mucosa bucal
- infeção primária...gengivoestomatite e faringite
- infeção recorrente herpes Iabialis
- as vesículas podem ulcerar e infetar.

OFTALMIA

- Cegueira da córnea nos países desenvolvidos.
- A ceratoconjuntivite aguda, a conjuntivite folicular com formação de vesículas nas pálpebras, são outras manifestações.
- A córnea pode estar envolvida com úlceras dendríticas ramificadas típicas.
- Cura por interferões, medicamentos antivirais tópicos.
- Os esteróides não administrados levam a um envolvimento profundo do estroma com cicatrizes e cegueira da córnea.
- Outras manifestações incluem corioretinite e retinite necrosante aguda, pouco frequentes mas graves.

SISTEMA NERVOSO

- Encefalite, esporádica e de início agudo com febre, sintomas neurológicos focais. Diagnosticada por biopsia cerebral, PCR .
- A meningite, auto-limitada, apresenta pleocitose linfocítica no LCR e pode produzir vírus em cultura.
- Outros - disfunção autonómica sacral, mielite transversa ou síndrome de Guillian-Barre, paralisia de Bell.

VISCERAL

- Esofagite, com disfagia, dor substancial, perda de peso.
- Pode envolver o trato respiratório, traqueobronquite e pnuemonite.
- Hepatite, pouco frequente.
- Eritema multiforme.
- Infeção disseminada por HSV em casos de imunodeficiência, desnutrição ou queimaduras.

GENITAL

- O herpes genital propaga-se por via venérea.
- Nos homens, lesões no pénis ou na uretra (uretrite).
- Nas mulheres, afecta o colo do útero (assintomático), a vagina, a vulva e o períneo.
- Nos homossexuais, lesões rectais e perineais.
- A infeção primária é mais grave, com febre e mal-estar. A infeção recorrente é mais ligeira.
- Causada tanto pelo HSV 1 como pelo 2, sendo o HSV 2 mais frequente.
- O HSV 2 pode estar relacionado com o carcinoma do colo do útero, mas não com certeza.

CONGENITAL

- Os HSV 1 e 2 raramente causam infecções congénitas por via transplacentária.
- Propagação durante o parto, devido a lesões genitais de HSV 2, a cesariana impede-a.
- O HSV 1 causa o herpes pós-natal.
- O herpes neonatal está confinado aos olhos, à boca ou à pele, podendo disseminar-se envolvendo muitos órgãos e/ou encefalite.
- Elevada taxa de mortalidade, os sobreviventes podem sofrer de perturbações neurológicas.

DIAGNÓSTICO LABORATORIAL

Feito por

- microscopia
- deteção de antigénios ou de ADN
- isolamento de vírus
- serologia

MICROSCOPIA

- O esfregaço de Tzanck é um método rápido, sensível e pouco dispendioso.
- Esfregaços preparados a partir de lesões/base de vesículas em solução a 1%aq

de azul de toluidina "O" durante 15 segundos.

- As células de Tzanck, células gigantes multinucleadas com núcleos facetados e cromatina em "vidro despolido" com coloração homogénea, indicam um esfregaço +ve.
- Corpos de inclusão intranucleares do tipo A em esfregaços corados com Giemsa.
- Aparece como varicela zoster ao microscópio eletrónico.
- Antigénio do herpes demonstrado em esfregaços/secções de lesões através da técnica de anticorpos fluorescentes.
- Biópsia cerebral por encefalite, PCR.

ISOLAMENTO DE VÍRUS

- Rim embrionário humano primário, âmnio humano, fibroblastos diplóides humanos.
- Espécimes de líquido vesicular, líquido cefalorraquidiano, saliva e esfregaços.
- CPE em 24 horas a 2 semanas.
- A diferenciação entre HSV 1 e 2 é efectuada por hibridação de ácidos nucleicos e clivagem por endonuclease de restrição.

SEROLOGIA

- Para infecções primárias.
- Aumento dos títulos de Ab observados por ELISA, neutralização ou CFT.

QUIMIOTERAPIA

Idoxiuridina para infecções oculares e cutâneas.

Aciclovir e vidarabina para infecções profundas e sistémicas.

O aciclovir previne a encefalite.

O valaciclovir e o famciclovir administrados por via oral são eficazes.

O Foscamet pode ser útil.

VÍRUS EPSTEIN-BARR

PROPRIEDADES

- membro da família dos herpesvírus
- ds DNA vírus envelopado
- nucleocápside com 100 nm de diâmetro, com 162 capsómeros
- A membrana de M. é derivada por brotamento de partículas imaturas através da membrana celular e é necessária para a infecciosidade.
- O genoma é uma molécula linear de ADN ds com 172 kbp
- o genoma viral não se integra normalmente no ADN celular, mas forma epissomas circulares que residem no núcleo
- o genoma é suficientemente grande para codificar 100 a 200 proteínas, mas apenas algumas foram identificadas.

ANTIGENS

Os linfócitos B infectados com EBV expressam uma variedade de "novos" antigénios codificados pelo vírus.

A infeção pelo EBV resulta na expressão de:

1. Antigénio do capsídeo viral (VCA)
2. Antigénio precoce (EA)
3. Antigénio nuclear (NA)

Cada expressão de antigénio tem respostas de anticorpos correspondentes.

EPIDEMIOLOGIA

Nos países desenvolvidos, observam-se dois picos de infeção: o primeiro em crianças pré-escolares muito jovens, com idades compreendidas entre 1 e 6 anos, e o segundo em adolescentes e jovens adultos com idades compreendidas entre 14 e 20 anos. 80 a 90% da população adulta foi infetada pelo vírus. Nos países em desenvolvimento, a infeção ocorre numa idade muito mais precoce, pelo que 90% das crianças com mais de 2 anos são seropositivas. Uma vez infetado, desenvolve-se um estado de portador ao longo da vida, em que uma infeção de baixo grau é mantida sob controlo pelas defesas imunitárias. A replicação e a excreção de baixo grau do vírus podem ser demonstradas nas células epiteliais da faringe de todos os indivíduos seropositivos. Além disso, podem ser demonstradas na circulação algumas células B imortalizadas pelo EBV, que são continuamente eliminadas pelos mecanismos de vigilância imunitária.

Não se sabe ao certo se estas células B são verdadeiras células B infectadas com EBV latente ou se são células que se infectam ao passar pelo anel S de Waldeyer[1] na faringe. O EBV está associado a várias doenças em que pode atuar como agente direto ou como um de vários cofactores. Estas doenças incluem

1) Mononucleose infecciosa
2) Burkitt Linfoma[1]
3) Carcinoma da nasofaringe
4) Doença linfoproliferativa e linfoma em imunossuprimidos.
5) Síndrome linfoproliferativa ligada ao X
6) Mononucleose infecciosa crónica
7) Oralleucoplasia em doentes com SIDA
8) Pneumonite intersticial crónica em doentes com SIDA.

Uma vez que é possível demonstrar a libertação do vírus na orofaringe da maioria dos indivíduos seropositivos, pensa-se que a transmissão ocorre principalmente por via oral. Assim, a MI foi apelidada de "doença do beijo". Mais recentemente, a replicação do vírus foi detectada in vivo no colo do útero, levantando assim a possibilidade de uma via sexual para a transmissão da MI (semelhante à do CMV). A MI também foi adquirida por indivíduos que receberam grandes quantidades de sangue.

MONONUCLEOSE INFECCIOSA

A mononucleose infecciosa é uma doença linfoproliferativa aguda auto-limitada resultante da infeção primária pelo EBV. A infeção primária pelo EBV é normalmente subclínica na infância, mas quando a infeção é retardada até à adolescência e à idade adulta jovem (15-25 anos), existe uma probabilidade de 50% de a pessoa infetada desenvolver MI. O vírus EB entra no corpo através da boca e estabelece uma infeção produtiva nas células epiteliais da faringe. As células B ficam infectadas e são disseminadas por todo o corpo através da corrente sanguínea. Durante a infeção primária aguda, são induzidas IgA, IgM e IgG para VCA, bem como IgG para EA(D) e MA. Os anticorpos contra o EBNA, uma proteína da fase latente, não são normalmente detectáveis no soro até ao período de convalescença. Os anticorpos heterófilos aparecem precocemente na MI, mas a sua relação com o vírus não é clara. Também se encontra uma variedade de auto-anticorpos na MI, que inclui aglutininas do frio, fator reumatoide, anticorpos antinucleares e anticorpos para o músculo liso. Pensa-se que estes anticorpos se devem à ativação policlonal das células B. São geralmente transitórios e inofensivos. Os linfócitos atípicos carateristicamente observados na MI são linfócitos citotóxicos CD8 que reagem contra células B infectadas com EBV de uma forma não restrita. Estas células Tc desempenham provavelmente um papel importante na recuperação da infeção pelo vírus.

Caraterísticas clínicas - O período de incubação não é conhecido, uma vez que a fonte de infeção raramente é reconhecida. Caracteristicamente, a MI começa com uma dor de garganta e inchaço do pescoço, acompanhados de febre, mal-estar, suores, arrepios, dores de cabeça, rigidez do pescoço, anorexia e um vago desconforto abdominal. A dor de garganta ocorre em 80 a 90% dos doentes e é geralmente de natureza ligeira, desaparecendo em 7 a 14 dias. Ocasionalmente, o aumento grosseiro das amígdalas pode levar à obstrução da faringe. A infeção secundária da faringe com estreptococos B-hemolíticos ocorre em 25% dos casos. Menos frequentemente, os doentes podem apresentar iterícia, tosse, mialgia ou sintomas de uma das complicações neurológicas da MI. A linfadenopatia está presente na maioria dos casos, sendo os gânglios linfáticos cervicais os mais frequentemente envolvidos, mas pode ocorrer uma linfadenopatia generalizada que pode durar várias semanas.

O aumento e a sensibilidade esplénica ocorrem em 50 - 60% dos doentes e a hepatomegalia ocorre em 15 - 25% dos doentes. A iterícia clinicamente aparente surge em 5 a 10% dos casos. As febres de 38 - 40° c estão normalmente presentes durante as primeiras 2 semanas de IM. A faringite e as petéquias palatinas ocorrem durante a primeira semana de doença e podem ser acompanhadas por uma membrana branco-acinzentada. Pode também estar presente edema periorbital. Ocorrem 2 formas de erupção cutânea na IM, uma erupção morbiliforme que dura 24 - 48 horas e uma erupção maculopapular que ocorre após o tratamento com ampicilina em praticamente 100% dos doentes tratados. Podem estar presentes sinais de complicações raras, como a meningite e a encefalite. A IM é rara nas crianças e, quando ocorre, a doença é geralmente ligeira. Nos idosos, o início é frequentemente insidioso e, por vezes, bizarro. A doença pode ser grave com envolvimento hepático, renal e do SNC. A IM durante a gravidez não está associada a quaisquer efeitos deletérios para o feto. No entanto, foram notificados casos raros de doença linfoproliferativa fatal em mulheres grávidas que desenvolveram IM. A MI dura normalmente várias semanas. Os doentes que recuperam queixam-se ocasionalmente de ataques recorrentes de fadiga, típicos da "síndrome de fadiga viral persistente".

Doentes imunocomprometidos - Quando a infeção primária por EBV ocorre em doentes imunocomprometidos, particularmente após transplante de órgãos, pode resultar em doença anormal com sintomas gastrointestinais e/ou sinais de rejeição e falência do enxerto renal. Algumas destas infecções primárias acabam por evoluir para doença linfoproliferativa e linfoma.

Complicações - A MI é geralmente uma doença benigna e auto-limitada. Podem surgir algumas complicações mórbidas que são responsáveis por 30 mortes por ano nos EUA. Estas complicações incluem

1. **SNC** - As complicações do SNC incluem a meningite, a encefalite e a síndroma de Guillain-Barré. Estas complicações podem preceder, acompanhar ou ser posteriores à IM em várias semanas. A recuperação é normal. Embora as perturbações do SNC possam ocorrer como única manifestação de uma infeção por EBV, a maioria dos casos surge durante a evolução da IM.

2. **Hepático** - quase todos os doentes com IM apresentam alterações da função hepática, a iterícia excessiva é pouco frequente (5-10%) e a recuperação completa é a regra. Os casos mais graves incluem cirrose hepática maciça e síndroma de Reye.

3. **Rutura esplénica** - esta é uma complicação muito rara da IM e, quando ocorre, é necessária uma cirurgia urgente.

4. **Obstrução faríngea e traqueal** - pode ocorrer devido ao aumento maciço e edema das amígdalas e adenóides. Está indicado um tratamento curto com esteróides

5. **Complicações imunológicas** - incluem anemia hemolítica e aplástica, trombocitopenia, hipogamaglobulinemia, agranulocitose e hemofagocitose. Nestes casos, podem estar envolvidos autoanticorpos induzidos pelo EBV.

6. **IM crónica** - raramente, ocorrem casos crónicos de IM em que os sintomas persistem durante anos e a morte pode resultar da doença linfamatosa. Nestes casos, verifica-se a persistência do perfil agudo da MI, com títulos elevados de IgG contra os antigénios

VCA e EA-D. Verifica-se uma ausência de anticorpos contra o EBNA 1 e um teste monospot positivo. Podem ser isolados títulos elevados de vírus a partir de lavagens da garganta.

Diagnóstico - o diagnóstico laboratorial da MI é geralmente efectuado através do teste de anticorpos heterófilos, cuja sensibilidade para a MI é de 98%. No entanto, os falsos negativos ocorrem frequentemente em doentes com menos de 5 anos de idade e, nesses casos, deve ser efectuada uma prova de IgM anti-VCA.

Tratamento - o tratamento da MI é essencialmente de apoio. A dor de garganta pode ser extremamente dolorosa e são necessários analgésicos regulares. Alguns médicos tratam regularmente os casos de MI com corticosteróides, mas outros preferem reservá-los para os casos graves.

LINFOMA DE BURKITT

O linfoma de Burkitt (LB) ocorre endemicamente em partes de África (onde é o tumor infantil mais comum) e na Papua-Nova Guiné e está restrito a áreas com malária holoendémica. O BL também ocorre esporadicamente em todo o mundo. No entanto, enquanto quase 100% dos casos de BL em África estão associados ao EBV, apenas 12% dos casos de BL esporádica estão associados ao EBV. As provas de que o EBV está envolvido na patogénese da LE são as seguintes ;-

1. Podem ser demonstradas cópias múltiplas do genoma do EBV nas células tumorais monoclonais de BL. Os antigénios EBV MA e EBNA-I podem ser detectados em todas as células tumorais e, além disso, as partículas infecciosas do EBV podem ser recuperadas de linhas celulares tumorais.

2. Todos os doentes com BL têm anticorpos contra os antigénios do EBV. Além disso, está demonstrado que os doentes com BL têm níveis muito mais elevados desses anticorpos do que os indivíduos seropositivos comparáveis. Os níveis elevados de anti-VCA podem ser utilizados para efeitos de rastreio da BL, uma vez que existe um aumento de 30 vezes no risco de desenvolver BL nas crianças com um título de anti-VCA de duas diluições duplas ou superior ao da população em geral.

3. O EBV é capaz de transformar os linfócitos B humanos in vitro.

4. O EBV pode causar tumores em primatas sub-humanos.

As linhas de células linfóides podem ser cultivadas a partir de materiais de biópsia de BL, mas diferem das linhas de células derivadas da transformação in vitro pelo facto de as linhas de células de BL serem de natureza monoclonal, enquanto as linhas de células derivadas in vitro são policlonais. Além disso, as linhas celulares derivadas de BL têm um maior potencial maligno. As células BL apresentam uma translocação recíproca entre o braço longo do cromossoma 8 e os cromossomas 14, 2 ou 22. Estas translocações fazem com que o oncogene c-myc seja transferido para a região do gene da cadeia pesada da imunoglobulina (14), para as regiões kappa (2) ou lambda (14). Pensa-se que estas regiões são transcricionalmente activas e resultam na desregulação do gene c-myc. Não se sabe ao certo se o EBV provoca efetivamente estas translocações ou se estas translocações já ocorreram no momento da infeção e, por conseguinte, a transformação maligna pelo EBV. Esta última hipótese é mais provável.

Caraterísticas clínicas - A LN ocorre normalmente em crianças com idades compreendidas entre os 3 e os 13 anos, com um pico de incidência aos 6-7 anos. Em áreas onde a LN é endémica, ou seja, em algumas partes de África e da Nova Guiné, a incidência é de cerca de 15 por 100 000 crianças com idades compreendidas entre os 5 e os 10 anos e é a neoplasia maligna infantil mais comum. A LN é mais comum nos rapazes do que nas raparigas e surge extranodalmente, tipicamente na área do maxilar. O tumor é geralmente multifocal na apresentação, sendo os outros locais envolvidos a medula óssea, o trato gastrointestinal, os ovários e a mama. O BL é normalmente um tumor altamente maligno, com a morte a sobrevir no prazo de 4 meses após o início em casos não tratados, embora tenham sido ocasionalmente registadas autocuras. O tumor é, no entanto, altamente sensível à quimioterapia.

Diagnóstico - Em áreas endémicas, a LB pode frequentemente ser diagnosticada a partir das caraterísticas clínicas típicas. A histologia das amostras de biopsia deve revelar um linfoma linfocítico pouco diferenciado. O tumor pode ser corado com anticorpos para cadeias leves lambda, o que deve revelar um tumor monoclonal de origem em células B. Em mais de 90% dos casos, as células expressam IgM na superfície celular.

Tratamento - A BL é muito sensível à quimioterapia, sendo frequentemente suficiente uma dose de ciclofosfamida para provocar a remissão completa da massa tumoral. O prognóstico é bom após um tratamento completo se for efectuado precocemente.

CARCINOMA DA NASOFARINGE

O NPC é um tumor maligno do epitélio escamoso da nasofaringe. É muito prevalente no Sul da China, onde é o tumor mais comum nos homens e o segundo mais comum nas mulheres. O tumor é raro na maior parte do mundo, embora ocorram bolsas na África do Norte e Central, Malásia, Alasca e Islândia. A forma mais indiferenciada do tumor está sempre associada ao EBV, ao passo que as formas mais raras e diferenciadas não o estão de forma consistente. As provas de que o EBV está envolvido na patogénese do NPC são as seguintes

1. Podem ser detectadas cópias múltiplas do genoma do EBV nas células malignas de 100% dos CNF indiferenciados. Todas as células malignas expressam EBNA-I e algumas expressam LMP. Além disso, as partículas infecciosas do EBV podem ser recuperadas de linhas celulares de CNF.

2. 100% dos soros de doentes com NPC indiferenciado têm anticorpos de alto título para antigénios de vírus EB. Tal como na BL, os anticorpos contra o VCA têm um título médio geométrico 10 vezes superior. Os níveis de IgG e IgA contra EA (D) e VCA aumentam à medida que a doença progride e podem ser utilizados para efeitos de rastreio e monitorização. O VCA e o EA (D) IgA também se encontram exclusivamente na saliva de doentes com NPC.

Caraterísticas clínicas - O NPC ocorre a uma taxa de 98 por 100 000 da população do Sul da China e é mais comum nos homens do que nas mulheres. O tipo indiferenciado associado ao EBV surge principalmente em doentes mais jovens, enquanto os tipos mais diferenciados ocorrem em doentes mais velhos e constituem a maior parte dos casos esporádicos. O tumor surge mais frequentemente na parede posterior da nasofaringe, na fossa de Rosenmuller, onde muitas vezes permanece silencioso e metastiza para os gânglios linfáticos locais. A apresentação mais comum do NPC é o aumento bilateral das glândulas do pescoço. O tumor primário pode ser muito pequeno e difícil de localizar. Menos frequentemente, o doente pode apresentar os sintomas de invasão pelo tumor primário, por exemplo, obstrução nasal, descarga pós-nasal, epistaxe, surdez parcial e paralisia dos nervos cranianos. Se não for tratada, a doença é rapidamente fatal devido ao desenvolvimento de obstrução da laringe e da faringe.

Diagnóstico - o diagnóstico de NPC é geralmente efectuado através do exame histológico do material de biopsia. São reconhecidos 3 tipos de NPC com base no aspeto histológico.

Os anticorpos séricos contra os antigénios do EBV podem ser utilizados para confirmar o diagnóstico e monitorizar a evolução da doença. Estudos recentes demonstraram o valor da pesquisa de níveis elevados e persistentes de IgA sérica para o VCA no rastreio de lesões precoces da doença. Espera-se que as lesões precoces possam ser diagnosticadas desta forma e tratadas, sendo depois monitorizadas.

Infeção por EBV nos imunocomprometidos

Após a infeção primária, o EBV mantém uma infeção latente de baixo grau no organismo. Esta infeção latente é normalmente mantida sob controlo pelas defesas celulares que, se forem prejudicadas mais tarde na vida, podem levar à reativação do vírus para causar doença clínica. Em alguns casos, podem desenvolver-se lesões linfoproliferativas e linfoma. Estas lesões tendem a ser extranodais e em locais pouco comuns, como o trato gastrointestinal ou o SNC.

Diagnóstico laboratorial das infecções por EBV

1. Mononucleose infecciosa - o achado clássico na MI é a presença de células mononucleares atípicas no sangue. Os linfócitos representam mais de 50% dos leucócitos presentes e, destes, 20% são atípicos. Os linfócitos atípicos também podem ser observados em infecções por CMV, hepatite, influenza B e rubéola, mas são mais proeminentes na IM. Na maioria dos doentes, estão também presentes alterações da função hepática. O diagnóstico de MI pode ser suspeitado com base no quadro clínico e nos achados de linfócitos atípicos. No entanto, o diagnóstico definitivo só pode ser efectuado através de testes serológicos. Geralmente, são utilizados 2 tipos de testes serológicos para o diagnóstico da MI.

A pesquisa de anticorpos heterófilos é normalmente designada por pesquisa de Paul-Bunnel ou pesquisa de Monospot (se efectuada em lâminas). Esta prova detecta um anticorpo que provoca a aglutinação de glóbulos vermelhos de outra espécie. Os resultados falsos negativos do teste de Ab heterófilo ocorrem e são mais comuns em crianças com menos de 14 anos, especialmente com menos de 5 anos de idade. Uma possibilidade é que a exposição inicial ao "antigénio heterófilo" desconhecido não tenha ocorrido em crianças muito jovens e, por isso, não surja uma resposta secundária à estimulação policlonal. Os resultados falsos positivos de Ab heterófilo são em menor número do que os resultados falsos negativos. Os resultados positivos de Ab heterófilo podem durar mais de 6 meses após o início da IM e podem ocorrer em infecções primárias assintomáticas. Este facto pode ser responsável por alguns dos "falsos" resultados positivos.

A IgM para VCA por imunofluorescência indireta é o melhor teste serológico disponível para o diagnóstico da MI. No entanto, este teste é moroso e os resultados podem variar consoante os laboratórios. Também os resultados falsos positivos na IgM podem resultar da ligação cruzada entre a IgG específica do EBV e o conjugado anti-IgM pelo fator reumatoide. Se o fator reumatoide estiver presente no soro, deve ser absorvido com a proteína A estafilocócica antes do teste. Por estas razões, a maioria dos laboratórios baseia-se principalmente no teste de anticorpos heterófilos. Raramente está disponível uma amostra anterior à doença para demonstrar um aumento dos anticorpos IgG contra o VCA. Níveis elevados de VCA IgG não são diagnósticos de infeção aguda. O VCA IgM é geralmente utilizado no diagnóstico da infeção aguda e o IgG como um rastreio do estado imunitário.

A pesquisa de anticorpos EBNA pode ser útil no período de janela. Os anticorpos anti-EBNA-I normalmente não surgem até à convalescença. Os anticorpos anti-EBNA-2 surgem mais cedo na doença e caem para níveis baixos ou indetectáveis durante a convalescença. A ausência de anticorpos EBNA- não deve ser considerada como diagnóstico de MI, uma vez que estes são frequentemente indetectáveis na MI crónica e, pelo contrário, podem estar presentes pouco depois do início da MI. Outro teste de confirmação possível é a avidez do EBV-IgG. O princípio da eluição (índice de avidez) é geralmente utilizado para o VCA-IgG.

2. MI crónica - os sinais e sintomas da MI crónica variam desde febre, faringite, mal-estar, mialgia e linfadenopatia até problemas potencialmente fatais como anemia, trombocitopenia, hupoglobulinemia e pneumonite. O início da MI crónica segue-se à MI aguda e pode dever-se a uma resposta mediada pelas células ao vírus. Para preencher os critérios de diagnóstico de MI crónica, é necessário satisfazer três condições: (1) os sintomas devem ter persistido durante pelo menos 12 meses; (2) o início dos sintomas persistentes deve ter sido precedido por um caso comprovado de MI; (3) deve haver provas de infeção ativa pelo EBV. Observam-se frequentemente anticorpos VCA e EA altamente elevados (>1024), os anticorpos EBNA-2 são frequentemente mais elevados do que os do EBNA-I (a situação inversa é encontrada em indivíduos seropositivos normais), pode ser observado um resultado positivo de anticorpos heterófilos e, mais raramente, pode ser detectado IgM anti-VCA. Foram observados perfis de anticorpos semelhantes em doentes que sofrem de síndroma de fadiga pós-viral. É possível que alguns doentes com FVP estivessem, de facto, a sofrer de IM crónica.

3. Linfoma de Burkitt - a histologia das amostras de biopsia deve revelar um linfoma linfocítico pouco diferenciado. O tumor pode ser corado com anticorpos para cadeias leves lambda, o que deverá revelar um tumor monoclonal de origem em células B. Em mais de 90% dos casos, as células expressam IgM na superfície celular. A presença do EBV nas células tumorais pode ser demonstrada por hibridação ou pela deteção do EBNA-1. No entanto, estes dois métodos são tecnicamente exigentes e, por isso, o diagnóstico da BL é geralmente efectuado com base em dados clínicos e histológicos. As crianças com LN apresentam um título muito elevado de anticorpos contra o EBV, que pode diminuir após o tratamento e a remissão. Por conseguinte, a determinação dos níveis de anticorpos pode ter um papel na monitorização do tratamento. Embora a serologia do EBV possa ser útil no diagnóstico precoce da LBE, essa monitorização não é viável em termos financeiros e práticos.

4. Carcinoma da nasofaringe - o diagnóstico de NPC é geralmente efectuado através do exame histológico do material de biópsia. No entanto, a presença do ADN do EBV e do EBNA-I pode ser facilmente demonstrada. Os anticorpos séricos para os antigénios do EBV podem ser utilizados para confirmar o diagnóstico e monitorizar a evolução da doença, especialmente a IgA sérica para EA, VCA e ENA-1. Estudos recentes demonstraram o valor da pesquisa de níveis elevados e persistentes de IgA sérica para VCA no rastreio de lesões precoces da doença e também na monitorização do tratamento.

CITOMEGALOVÍRUS (CMV)

O CMV é um vírus comum que infecta 50 a 80 por cento das pessoas em algum momento das suas vidas, mas raramente causa doença óbvia. É um membro da família dos herpesvírus. Outros membros da família dos herpesvírus causam varicela, mononucleose infecciosa, herpes labial (herpes simplex tipo I) e herpes genital (herpes simplex tipo II). Tal como outros herpesvírus, a infeção por CMV pode ficar adormecida durante algum tempo e pode reativar-se mais tarde. O vírus é transportado por pessoas e não está associado a alimentos, água ou animais. Existem dois tipos diferentes de infeção: a infeção primária por CMV e a infeção recorrente por CMV. A infeção primária pode causar problemas mais graves na gravidez do que a infeção recorrente. Pertencem à subfamília de herpesvírus betaherpesvírus DNA de cadeia dupla vírus envelopado · Nucleocápside 105nm de diâmetro, 162 capsómeros · A estrutura do genoma do CMV é semelhante à de outros herpesvírus,

PATOGENESE

Uma vez infetado, o vírus permanece na pessoa durante toda a vida e pode ser reativado de tempos a tempos, especialmente em indivíduos imunocomprometidos. O vírus pode ser transmitido in utero, perinatal ou pós-natal. A transmissão perinatal ocorre. A infeção perinatal é adquirida principalmente através de secreções genitais infectadas ou do leite materno. Em todo o mundo, 2 a 10% dos bebés estão infectados até aos 6 meses de idade. Pensa-se que a infeção perinatal é 10 vezes mais comum do que a infeção congénita. A infeção pós-natal ocorre principalmente através da saliva. A transmissão sexual pode ocorrer, bem como através do sangue, de produtos sanguíneos e de órgãos transplantados.

Rotas_de_transmissão

1. **Intra-uterina; -** Pensa-se que a infeção intra-uterina se segue à viremia materna e à infeção placentária. A transmissão intra-uterina só ocorre em 1/3 das mulheres que sofrem de infeção primária durante a gravidez. A infeção congénita pode também resultar de uma infeção materna recorrente. A transmissão intra-uterina pode ocorrer em qualquer momento da gravidez (reinfeção ou reativação). Isto pode ser surpreendente, tendo em conta o facto de poderem estar em circulação grandes quantidades de anticorpos anti-CMV. No entanto, podem existir outras vias disponíveis para a transmissão, como a introdução de espermatozóides infectados no útero ou a reativação do CMV já presente no endométrio do útero. No entanto, estas vias são, atualmente, meramente especulativas.

2. **Perinatal ;-** A infeção perinatal é adquirida principalmente através de 2 locais - (i) secreções genitais infectadas, ou (ii) leite materno. Uma vez ingerido, o CMV entra normalmente no neonato através da infeção das glândulas salivares. Em todo o mundo, 2 a

10% dos bebés são infectados até aos 6 meses de idade. Pensa-se que a infeção perinatal é 10 vezes mais comum do que a infeção congénita.

3. **Pós-natal ;-** A ausência habitual de sintomas associados à infeção por CMV torna difícil a determinação das vias de transmissão. As vias prováveis de transmissão são as seguintes ;-

(1) Saliva - a saliva é provavelmente a principal via através da qual o vírus é transmitido no período pós-natal. É provável que esta seja a via através da qual o vírus é transmitido entre as crianças pequenas.

(2) Transmissão sexual - a transmissão sexual é possível mas não está provada sem margem para dúvidas. O CMV encontra-se no sémen e no colo do útero. No entanto, o contacto oral-oral ocorre frequentemente antes da relação sexual, o que pode muito bem ser a via através da qual o vírus foi transmitido após o contacto íntimo. No entanto, os homossexuais susceptíveis correm um risco particularmente elevado de serem infectados. O coito rectal parece ser um fator de risco.

(3) Transfusão de sangue - No início dos anos 60, foi reconhecida uma síndrome pós-perfusão em doentes submetidos a cirurgia de coração aberto que receberam grandes quantidades de sangue contaminado com CMV. No entanto, a transmissão do CMV através do sangue é claramente um acontecimento raro, uma vez que apenas 3 a 5% do sangue colhido de dadores seropositivos conduz à infeção de receptores seronegativos. Não foi possível determinar quais os dadores que apresentam um risco elevado de transmissão do vírus. É possível que o CMV persista num estado latente nos leucócitos sanguíneos e que o CMV seja ocasionalmente reativado na transfusão.

(4) Transplante de órgãos - Os doentes submetidos a transplante renal estão particularmente em risco. Os receptores seronegativos têm uma probabilidade de 5% de contrair a infeção primária de dadores seronegativos, em comparação com uma probabilidade de 70 a 80% de contrair a infeção primária de dadores seropositivos. Aparentemente, o CMV é transmitido através de células infectadas no rim do dador.

MANIFESTAÇÕES CLÍNICAS

Infeção congénita - pode resultar em doença de inclusão citomegálica. Infeção perinatal - geralmente assintomática. Infeção pós-natal - geralmente assintomática. No entanto, numa minoria de casos, pode desenvolver-se a síndrome da mononucleose infecciosa, que consiste em febre, linfadenopatia e esplenomegalia. O teste de anticorpos heterófilos é negativo, embora possam ser encontrados linfócitos atípicos no sangue. Os doentes imunocomprometidos, como os receptores de transplantes e os doentes com SIDA, são propensos a doença grave por CMV, como pneumonite, retinite, colite e encefalopatia. A reativação ou reinfeção com CMV é normalmente assintomática, exceto em doentes imunocomprometidos.

INFECÇÕES POR CITOMEGALOVÍRUS

Transmissão da mãe através da placenta e é clinicamente normal em 80%. A doença é chamada CMV congénita e resulta em morte em 1%. No início tardio, há um defeito na audição e atraso mental em 15%.

MULHERES GRÁVIDAS E CMV

O contacto com a saliva ou a urina de crianças pequenas é uma das principais causas de infeção por CMV entre as mulheres grávidas. O risco de infeção por CMV pode ser reduzido através de uma cuidadosa atenção à boa higiene pessoal, como a lavagem das mãos.

INFECÇÃO CONGÉNITA

Pode ser definida como o isolamento do CMV da saliva ou da urina no prazo de 3 semanas após o nascimento. É a infeção viral congénita mais comum, afectando 0,3 - 1% de todos os nados vivos. É a segunda causa mais comum de deficiência mental a seguir à síndrome de Down e é responsável por mais casos de lesões congénitas do que a rubéola. 40% de probabilidade de transmissão ao feto após uma infeção primária. Pode ser transmitido ao feto durante todas as fases da gravidez. Não há provas de teratogenicidade, os danos para o feto resultam da destruição das células-alvo após a sua formação. Os sintomas incluem sintomas temporários que incluem problemas no fígado e no baço, iterícia, manchas roxas na pele, problemas pulmonares, tamanho reduzido à nascença e convulsões. Por outro lado, existem sintomas ou incapacidades permanentes que incluem perda de audição, perda de visão, incapacidade mental, cabeça pequena, falta de coordenação, convulsões e morte.

DOENÇA DE INCLUSÃO CITOMEGÁLICA

A doença resulta em anomalias do SNC como microcefalia, atraso mental, espasticidade, epilepsia e calcificação periventricular. Na infeção ocular, observa-se coroidoretinite e atrofia ótica e, no ouvido, surdez neurossensorial. A hepatoesplenomegalia e a iterícia podem ser observadas devido a hepatite. Também se observam pneumonite, miocardite, púrpura trombocitopénica e anemia hemolítica. Em indivíduos assintomáticos à nascença, observam-se defeitos auditivos e inteligência reduzida como sequelas tardias

DIAGNÓSTICO

É difícil, uma vez que a presença de vírus ou de anticorpos contra o CMV não indica que a doença atual se deve ou não ao CMV, pelo que são utilizadas estratégias diferentes em situações clínicas diferentes. Isolamento do vírus a partir da urina CMV congénito de nascimento nos 30 dias seguintes * deteção do antigénio na camada leucocitária - indica um doente com viremia imunocomprometida * Ig G específica do CMV positiva indica infeção passada

1. Na **deteção direta,** as amostras de biopsia podem ser examinadas histologicamente para deteção de anticorpos de inclusão do CMV ou da presença de antigénios do CMV. No entanto, a sensibilidade pode ser baixa. O teste de antigenemia pp65 do CMV é atualmente utilizado por rotina para o diagnóstico rápido da infeção por CMV em doentes imunocomprometidos. A PCR para o CMV-DNA é utilizada em alguns centros, mas pode haver problemas de interpretação.

2. Para o **isolamento do vírus,** a cultura celular convencional é considerada a norma de ouro, mas requer até 4 semanas para obter resultados. Mais úteis são os métodos de cultura rápidos, como o teste DEAFF, que podem fornecer um resultado em 24-48 horas.

3. **Serologia:** a presença de anticorpos IgG contra o CMV indica uma infeção passada. A deteção de IgM é indicativa de infeção primária, embora também possa ser encontrada em doentes imunocomprometidos com reativação. Será observado um aumento de 4 vezes nos títulos de anticorpos (fase de convalescença em comparação com a fase aguda). O teste ELISA pode ser utilizado para determinar se existe infeção aguda, infeção anterior ou anticorpos maternos adquiridos passivamente num bebé. Outros testes incluem o teste CF,

ensaios de fluorescência (teste de antigenemia CMV pp65, IFA, ACIF), hemaglutinação indireta e PCR. Deve suspeitar-se de CMV se um doente apresentar sintomas de mononucleose infecciosa, mas tiver resultados negativos nos testes para a mononucleose e o vírus Epstein - Barr, ou se apresentar sinais de hepatite, mas tiver resultados negativos nos testes para as hepatites A, B e C. A PCR é mais sensível do que os ensaios de frasco em concha ou de antigenemia.

TRATAMENTO

Infecções congénitas - normalmente não é possível detetar uma infeção congénita, a não ser que a mãe tenha sintomas de infeção primária. Se for esse o caso, a mãe deve ser informada das probabilidades de o seu bebé ter a doença de inclusão citomegálica e talvez lhe seja oferecida a opção de um aborto. Infeção perinatal e pós-natal - normalmente não é necessário tratar estes doentes. Doentes imunocomprometidos - é necessário fazer um diagnóstico precoce da infeção por CMV e administrar prontamente uma terapia antiviral. Os agentes anti-CMV atualmente utilizados são o ganciclovir, o forscamet e o cidofovir.

EPIDEMIOLOGIA

O CMV é um dos agentes patogénicos humanos mais bem sucedidos, podendo ser transmitido verticalmente ou horizontalmente, geralmente com poucos efeitos no hospedeiro. A transmissão pode ocorrer no útero, perinatal ou pós-natal. Uma vez infetada, a pessoa é portadora do vírus durante toda a vida, que pode ser ativado de tempos a tempos, durante o qual aparecem viriões infecciosos na urina e na saliva. A reativação pode também levar à transmissão vertical. Também é possível que as pessoas que sofreram uma infeção primária sejam reinfectadas com outra ou com a mesma estirpe de CMV, sendo que esta reinfeção não difere clinicamente da reativação. Nos países desenvolvidos com um elevado padrão de higiene, 40% dos adolescentes estão infectados e, em última análise, 70% da população está infetada. Nos países em desenvolvimento, mais de 90% das pessoas acabam por ser infectadas.

VÍRUS DA VARICELA ZOSTER - VARICELA

A varicela é uma doença infecciosa aguda causada pelo vírus varicela zoster (VZV). A infeção recorrente (herpes zoster, também conhecida como zona) foi reconhecida desde a antiguidade. A infeção primária por varicela (varicela) não foi distinguida de forma fiável da varíola até ao final do século XIX. Em 1875, Steiner demonstrou que a varicela era causada por um agente infecioso, inoculando em voluntários o líquido vesicular de um doente com varicela aguda. As observações clínicas da relação entre a varicela e o herpes zoster foram feitas em 1888 por von Bokay, quando crianças sem evidência de imunidade à varicela adquiriram varicela após contacto com o herpes zoster. O VZV foi isolado do líquido vesicular de lesões de varicela e zoster em cultura celular por Thomas Weller em 1954. Estudos laboratoriais subsequentes do vírus levaram ao desenvolvimento de uma vacina viva atenuada contra a varicela no Japão na década de 1970. A vacina foi autorizada para utilização nos Estados Unidos em março de 1995. A primeira vacina para reduzir o risco de herpes zoster foi autorizada em maio de 2006. A varicela é uma infeção viral comum e muito contagiosa que mais de 90% das pessoas contraem durante a infância, a menos que tenham sido imunizadas. Após uma infeção, uma parte do vírus pode permanecer no organismo (nas células nervosas) e, mais tarde, o vírus pode voltar a ficar ativo, causando herpes zoster. Atualmente, está disponível uma vacina para proteger as crianças e os adultos contra a varicela. A varicela é causada por um vírus chamado vírus Varicella Zoster. A maioria das crianças que contrai varicela tem uma doença ligeira, mas algumas podem ficar bastante doentes. Normalmente, os adultos que apanham varicela têm uma doença mais grave. A doença da varicela dura normalmente cerca de sete a dez dias.

Vírus Varicela Zoster

O VZV é um vírus de ADN e pertence ao grupo dos herpesvírus. Tal como outros herpesvírus, o VZV tem a capacidade de persistir no corpo após a (primeira) infeção primária como uma infeção latente. O VZV persiste nos gânglios dos nervos sensoriais. A infeção primária com VZV resulta em varicela. O herpes zoster (zona) é o resultado da reativação da infeção latente pelo VVZ. Pensa-se que o vírus tem um tempo de sobrevivência curto no ambiente.

Transmissão

1. A infeção é transmitida quando a pessoa espirra ou tosse, ou quando alguém toca no líquido das bolhas.
2. Também se pode propagar tocando em algo que tenha tocado no fluido das bolhas (por exemplo, um penso que tenha coberto a ferida).
3. A varicela pode ser contraída a partir do líquido das bolhas de alguém com herpes zoster, embora isso seja raro.

4. A pessoa com varicela é contagiosa desde o início da doença (até dois dias antes do aparecimento das manchas) até cerca de cinco dias após o aparecimento das primeiras manchas. Desde que não haja novas bolhas ou crostas húmidas nas manchas, a pessoa não será contagiosa, mesmo que ainda haja crostas na pele.
5. A varicela é muito contagiosa.
6. Mais de 90% dos contactos próximos irão contrair varicela se ainda não a tiverem tido ou se não tiverem sido imunizados

PATOGENESE

Infeção primária (varicela)

Um pródromo ligeiro pode preceder o aparecimento de uma erupção cutânea. Os adultos podem ter 1 a 2 dias de febre e mal-estar antes do aparecimento da erupção cutânea, mas nas crianças a erupção cutânea é frequentemente o primeiro sinal da doença. Em indivíduos que não foram vacinados com a vacina da varicela, a erupção cutânea é generalizada e pruriginosa e progride rapidamente de máculas para pápulas e lesões vesiculares antes de formar crostas. A erupção cutânea aparece normalmente primeiro na cabeça, depois no tronco e, em seguida, nas extremidades; a maior concentração de lesões é no tronco.

As lesões também podem ocorrer nas membranas mucosas da orofaringe, do trato respiratório, da vagina, da conjuntiva e da córnea. As lesões têm normalmente 1 a 4 mm de diâmetro. As vesículas são superficiais e delicadas e contêm um líquido claro sobre uma base eritematosa. As vesículas podem romper-se ou tornar-se purulentas antes de secarem e formarem uma crosta. Surgem culturas sucessivas ao longo de vários dias, com lesões presentes em várias fases de desenvolvimento. Por exemplo, podem ser observadas lesões maculares na mesma área da pele que as vesículas maduras. As crianças saudáveis têm normalmente 200 a 500 lesões em 2 a 4 culturas sucessivas.

A varicela de rutura é definida como um caso de varicela devido a infeção com VZV de tipo selvagem que ocorre mais de 42 dias após a vacinação contra a varicela. Com a diminuição da incidência da varicela em geral e o aumento da cobertura da vacinação contra a varicela, mais de metade dos casos de varicela notificados nos locais de vigilância ativa da varicela em 2010 foram casos de varicela de rutura. Nos ensaios clínicos, a varicela de emergência foi substancialmente menos grave, com o número médio de lesões cutâneas geralmente inferior a 50; as lesões vesiculares são menos comuns e as lesões são geralmente pápulas que não progridem para vesículas.

A varicela em pessoas vacinadas é tipicamente mais curta em duração e tem uma menor incidência de febre do que em pessoas não vacinadas. Foi notificada a ocorrência de varicela em pessoas que receberam uma ou duas doses da vacina. O curso clínico em crianças saudáveis é geralmente ligeiro, com mal-estar, prurido (comichão) e temperatura até 102° F durante 2 a 3 dias. Os adultos podem ter uma doença mais grave e uma maior incidência de complicações. Os sintomas respiratórios e gastrointestinais estão ausentes. As crianças com linfoma e leucemia podem desenvolver uma forma progressiva grave de varicela caracterizada por febre alta, erupção vesicular extensa e elevadas taxas de complicações. As crianças infectadas com o vírus da imunodeficiência humana (VIH) também podem ter uma doença grave e prolongada.

A recuperação da infeção primária por varicela resulta normalmente em imunidade vitalícia. Em pessoas saudáveis, uma segunda ocorrência de varicela não é comum, mas pode acontecer particularmente em pessoas imunocomprometidas. Tal como acontece com outras doenças virais, a reexposição à varicela natural (selvagem) pode levar a uma reinfeção que aumenta os títulos de anticorpos sem causar doença clínica ou viremia detetável.

Doença recorrente (Herpes Zoster)

O herpes zoster, ou zona, ocorre quando o VZV latente se reactiva e causa doença recorrente. O mecanismo imunológico que controla a latência do VZV não é bem compreendido. No entanto, os factores associados à doença recorrente incluem o envelhecimento, a imunossupressão, a exposição intra-uterina ao VZV e ter tido varicela numa idade jovem (menos de 18 meses).

Em pessoas imunocomprometidas, o zoster pode disseminar-se, causando lesões cutâneas generalizadas e envolvimento do sistema nervoso central, pulmonar e hepático. A erupção vesicular do zoster ocorre geralmente de forma unilateral na distribuição de um nervo sensorial. Na maioria das vezes, isso envolve o tronco ou o quinto nervo craniano. Dois a quatro dias antes da erupção, pode haver dor e parestesia na área envolvida. Existem poucos sintomas sistémicos.

Complicações

A varicela aguda é geralmente ligeira e autolimitada, mas pode estar associada a complicações. As infecções bacterianas secundárias de lesões cutâneas por Staphylococcus ou Streptococcus são a causa mais comum. A infeção secundária com estreptococos invasivos do grupo A pode causar doença grave e levar à hospitalização ou à morte.

A pneumonia após a varicela é geralmente viral, mas pode ser bacteriana. A pneumonia bacteriana secundária é mais comum em crianças com menos de 1 ano de idade. As manifestações da varicela no sistema nervoso central vão desde a meningite asséptica à encefalite. O envolvimento do cerebelo, com a consequente ataxia cerebelar, é a manifestação mais comum do sistema nervoso central e tem geralmente um bom resultado.

A encefalite é uma complicação pouco frequente da varicela (estimada em 1,8 por 10 000 casos) e pode levar a convulsões e coma. O envolvimento cerebral difuso é mais comum nos adultos do que nas crianças. A síndrome de Reye é uma complicação invulgar da varicela e da gripe e ocorre quase exclusivamente em crianças que tomam aspirina durante a doença aguda. A etiologia da síndrome de Reye é desconhecida.

Registou-se uma diminuição drástica da incidência da síndrome de Reye, presumivelmente relacionada com a diminuição da utilização de aspirina pelas crianças. As complicações raras da varicela incluem meningite asséptica, mielite transversa, síndrome de Guillain-Barrd, trombocitopenia, varicela hemorrágica, púrpura fulminante, glomerulonefrite, miocardite, artrite, orquite, uveíte, irite e hepatite.

Na era pré-vacina, aproximadamente 11.000 pessoas com varicela necessitavam de hospitalização todos os anos. As taxas de hospitalização eram de aproximadamente 2 a 3 por 1.000 casos em crianças saudáveis e 8 por 1.000 casos em adultos.

A morte ocorre em aproximadamente 1 em 60.000 casos. De 1990 a 1996, foi registada uma média de 103 mortes por varicela em cada ano. A maioria das mortes ocorre em crianças e adultos imunocompetentes. Desde 1996, as hospitalizações e as mortes por varicela diminuíram mais de 70% e 88%, respetivamente.

Diagnóstico laboratorial

Sempre que possível, os testes laboratoriais ou a ligação epidemiológica a um caso típico ou a um caso confirmado laboratorialmente devem ser procurados para confirmar - ou excluir - a varicela. A reação em cadeia da polimerase (PCR) do vírus da varicela zoster é o método de eleição para o diagnóstico da varicela.

O VZV também pode ser isolado em cultura de tecidos, embora seja menos sensível e necessite de vários dias para obter um resultado. A fonte mais frequente de isolamento do VZV é o líquido vesicular. As técnicas laboratoriais permitem a diferenciação de estirpes de VZV de tipo selvagem e de estirpes vacinais.

As técnicas de identificação rápida do vírus da varicela são indicadas para um caso com doença grave ou invulgar para iniciar uma terapêutica antiviral específica. A PCR do VZV é o método de eleição para um diagnóstico clínico rápido.

Os métodos de PCR em tempo real estão amplamente disponíveis e são o método mais sensível e específico dos testes disponíveis. Os resultados estão disponíveis dentro de algumas horas. Se a PCR em tempo real não estiver disponível, pode ser utilizado o método do anticorpo fluorescente direto (DFA), embora seja menos sensível do que a PCR e exija uma colheita e manuseamento mais meticulosos das amostras.

Os espécimes são mais bem colhidos se se abrir uma vesícula, de preferência uma vesícula cheia de líquido fresco, e se se esfregar a base de uma lesão cutânea com uma zaragatoa de poliéster. As crostas das lesões são também excelentes amostras para a PCR. Uma vez que as proteínas virais persistem após a cessação da replicação viral, a PCR e a DFA podem ser positivas quando as culturas virais são negativas.

Estão disponíveis comercialmente vários testes serológicos para deteção de anticorpos contra a varicela, incluindo um ensaio de aglutinação em látex (LA) e vários ensaios de imunoabsorção enzimática (ELISA) que podem ser utilizados para avaliar a imunidade induzida pela doença.

Os métodos ELISA atualmente disponíveis não são suficientemente sensíveis para detetar de forma fiável a seroconversão à vacina, mas são suficientemente robustos para rastrear as pessoas quanto à suscetibilidade ao VZV. O teste ELISA é sensível e específico, simples de executar e está amplamente disponível no mercado.

A AE disponível no mercado é sensível, simples e rápida de efetuar. O LA é um pouco mais sensível do que os ELISAs comerciais, embora possa resultar em resultados falsos positivos, levando à incapacidade de identificar pessoas sem evidência de imunidade à varicela.

Esta última preocupação pode ser minimizada efectuando o LA como uma série de diluições. Qualquer um destes testes seria útil para o rastreio da imunidade à varicela. Os anticorpos resultantes da vacinação têm geralmente um título mais baixo do que os anticorpos resultantes da doença da varicela.

Os ensaios comerciais de anticorpos, particularmente o teste LA, podem não ser suficientemente sensíveis para detetar anticorpos induzidos pela vacina em alguns receptores. Devido ao potencial para testes serológicos falso-negativos, não se recomenda a realização de testes serológicos de rotina após a vacinação.

Para o diagnóstico de infeção aguda por varicela, a confirmação serológica incluiria um aumento significativo de IgG da varicela através de qualquer ensaio serológico padrão. Não se recomenda a utilização de kits comerciais para a deteção de anticorpos IgM, uma vez que os métodos disponíveis carecem de sensibilidade e especificidade; os resultados falso-positivos de IgM são comuns na presença de níveis elevados de IgG. O Laboratório Nacional de VZV do CDC desenvolveu um ensaio fiável de captura de IgM.

BRINCADEIRAS

As telhas (Herpes Zoster) ocorrem quando o vírus da varicela, que ficou nas células nervosas após uma infeção por varicela, volta a ficar ativo. O herpes zoster não é uma nova infeção, mas sim um novo surto de uma infeção antiga. O herpes zoster só ocorre em pessoas que já tiveram varicela.

O herpes zóster é pouco frequente antes dos 12 anos de idade, mas é bastante comum em pessoas mais velhas (especialmente com mais de 80 anos). Nos EUA, estima-se que entre 10 e 20% das pessoas venham a ter um ou mais episódios de herpes zoster.

O herpes zóster parece ser desencadeado por acontecimentos stressantes em muitas pessoas (como uma doença ou um desgosto). O herpes zóster ocorre mais frequentemente em pessoas que têm o sistema imunitário danificado. Deve-se à reativação do VZV, que está latente na raiz dorsal e nos gânglios do trigémeo

Sintomas

O herpes-zóster começa com uma dor na zona servida pelo nervo onde o vírus estava adormecido (a dormir). A dor deve-se à lesão do nervo pelo vírus.

Esta dor pode ir de um formigueiro a uma dor muito intensa. No prazo de cinco dias a partir do início da dor, desenvolve-se uma erupção cutânea, semelhante à erupção da varicela, exceto que a erupção será apenas na área do corpo para onde vai o nervo.

Pode ser uma faixa de pele à volta do peito, do abdómen, do rosto ou (menos frequentemente) de um braço ou de uma perna. Aparecem manchas, que se transformam em bolhas e depois ficam com crostas. Uma pessoa não pode apanhar herpes-zóster de outra pessoa com herpes-zóster ou com varicela, no entanto, as bolhas da herpes-zóster contêm vírus ativo, pelo que o contacto direto com alguém que tenha herpes-zóster pode causar varicela em alguém que não tenha tido varicela anteriormente (por exemplo, dar um abraço a alguém que tenha herpes-zóster de modo a que a sua pele toque nas bolhas). O vírus não é transmitido pelo ar através da tosse, como pode acontecer com a varicela.

Caraterísticas clínicas:

1. Zoster torácico: Reativação do vírus latente no gânglio da raiz dorsal, resultando

numa erupção cutânea segmentar, que se estende do meio das costas numa faixa horizontal, à volta do lado do peito.

2. Zoster oftálmico: Reativação do vírus latente no gânglio trigeminal, resultando numa erupção vesicular localizada que envolve o couro cabeludo, a cabeça, as pálpebras e pode atingir a córnea.

3. Síndrome de Ramsay Hunts: Surge uma erupção vesicular localizada na membrana tempânica e no canal auditivo externo. Frequentemente, há uma paralisia do nervo facial.

Tratamento

1. Não é necessária qualquer terapêutica anti-viral em crianças imunocompetentes
2. Os casos graves de varicela são tratados com aciclovir, famciclovir ou valaciclovir.

CAPÍTULO 6.0: ADENOVÍRUSES

- Os adenovírus foram isolados pela primeira vez em 1935 a partir de tecidos adenoides humanos.
- Desde então, foram isolados pelo menos 49 tipos antigénicos distintos de seres humanos e muitos outros tipos de animais.
- Todos os serotipos humanos estão incluídos num único género da família Adenoviridae.
- Em 1953, Rowe e colaboradores cultivaram tecido adenoideano humano removido cirurgicamente em culturas de coágulos de plasma e observaram que os crescimentos epiteliais sofriam uma degeneração espontânea semelhante a uma alteração citopática viral.
- Este foi neutralizado por soros humanos.
- Em 1954, Hilleman isolou um vírus relacionado a partir de lavagens da garganta de recrutas militares com doença respiratória aguda.

Morfologia

70-75 nm de tamanho.

Têm uma morfologia caraterística.

O capsídeo é composto por 252 capsomas dispostos em forma de icosaedro com 20 fetos triangulares e 12 verticais.

Dos 252 capsómeros, 240 têm seis vizinhos e são designados por hexões, 12 capsómeros nos vértices têm cinco vizinhos e são designados por pentões

Cada unidade peptona é constituída por uma base peptona ancorada no capsídeo e uma projeção ou fibra que consiste numa porção em forma de bastonete com um botão ligado à extremidade distal.

Crescimento e gama de hospedeiros

Os adenovírus são específicos do hospedeiro, pelo que os animais de laboratório não são susceptíveis aos adenovírus que infectam os seres humanos.

Os adenovírus humanos crescem apenas em culturas de tecidos de adenovírus humanos crescem apenas em culturas de tecidos de origem humana, como o rim embrionário humano, HeLa ou Hep-2.

As alterações citopáticas podem demorar vários dias a desenvolver-se e consistem no arredondamento e agregação das células em aglomerados semelhantes a uvas.

Podem ser observadas inclusões intracelulares na preparação corada.

Classificação

A família Adenoviridae contém dois géneros: o mastadenaovírus, o adenovírus dos mamíferos, e o Aviadenovírus, o das aves.

Para além de, pelo menos, 47 serótipos de origem humana, os mastadenovírus incluem serótipos de símios, bovinos, equinos, ovinos, caninos, murinos, suínos e cetáceos.

Os adenocírus foram isolados de galinhas, gele e perus. Infectam apenas espécies homólogas, com exceção dos adenovírus humanos oncogénicos (por ex.: 12,18,31) que causam sarcomas quando injectados em recém-nascidos.

Todos os adenovírus de mamíferos partilham um antigénio comum de fixação do complemento. Os antigénios de grupo estão presentes principalmente nos hexões e podem ser detectados por Imunofluroscência ou ELISA.

Estrutura antigénica

- Todos os adenovírus humanos partilham um antigénio específico de grupo comum.
- Os antigénios específicos do tipo são importantes na serotipagem.

Patogénese

O adenovírus provoca infecções dos responsáveis do trato respiratório, dos olhos, da bexiga e do intestino.

Mais de um tipo de vírus pode produzir a mesma síndrome clínica e um tipo de vírus pode causar doenças clinicamente diferentes.

Os adenovírus propagam-se por:

- contacto direto,
- gotículas respiratórias
- via feco-oral

Os adenovírus infectam e replicam-se nas células epiteliais da..:

- faringe,
- conjuntiva,

- bexiga urinária
- Intestino delgado.
- Normalmente, não se propagam para além dos gânglios linfáticos regionais**, exceto nos hospedeiros imunocomprometidos.**
- O vírus tem tendência para ficar latente no tecido linfoide,
- O vírus pode ser reativado por imunossupressão

Síndromes clínicas

- Os adenovírus causam infecções primárias em crianças e, menos frequentemente, em adultos.

Existem várias síndromes clínicas distintas associadas à infeção por adenovírus: Doenças respiratórias, infecções oculares, doenças gastrointestinais e outras doenças:

Doenças respiratórias

A associação etiológica mais importante dos adenovírus é com as doenças respiratórias. São responsáveis por 5% das doenças respiratórias agudas em: crianças pequenas e muito menos em adultos.

Quatro síndromes diferentes de infeção respiratória foram associadas aos adenovírus.

- **Faringite aguda:**
  - mais frequentemente observada em bebés e crianças pequenas,
  - Os sintomas incluem tosse, nariz entupido, febre e dor de garganta.
  - Os adenovírus são a principal causa de faringite não bacteriana e amigdalite, apresentando-se como constipação comum febril. Os tipos 1-7 são normalmente responsáveis.
- **Febre faringo conjuntival:**
  - Os sintomas são semelhantes aos da faringite febril aguda, mas a conjuntivite também está presente.
  - Ocorre geralmente em surtos, como nos campos de férias das crianças (conjuntivite das piscinas).
- **Doença respiratória aguda:**
  - caracteriza-se por faringite, febre, tosse e mal-estar.
  - Ocorre de forma epidémica entre os jovens recrutas em condições de fadiga e

de sobrelotação

- Ocorre normalmente como surtos em recrutas militares. Os serotipos 4,7 e 21 são os agentes habitualmente isolados.

- **Pneumonia:** uma complicação da doença respiratória aguda tanto em crianças como em adultos. Os adenovírus são a principal causa de faringite não bacteriana e amigdalite, apresentando-se como constipação comum febril. Os tipos 1-7 são normalmente responsáveis.

- **Febre faringo conjuntival:**

- surtos

- em campos de férias para crianças (conjuntivite da piscina).

- Esta síndrome de faringite febril e conjutivite observada na população civil está geralmente associada aos serotipos 3,7 e 14.

- **Doença respiratória aguda:**

- ocorre sob a forma de epidemia

- entre os jovens recrutas

- Ceratoconjuntivite epidémica:

- **Conjuntivite folicular aguda**

- Trata-se de uma infestação não-purulenta da conjuctiva com alargamento dos folículos linfóides submucosos e dos gânglios linfáticos pré-auriculares.

- Os tipos 3, 4 e 11 são normalmente responsáveis.

- A conjuctivite adenoviral e a conjuctivite por clamídia são clinicamente semelhantes.

- **Epidemickeratoconjuntivite:**

  - uma doença altamente contagiosa e mais grave que ocorre principalmente em adultos.

  - O envolvimento da córnea pode ser seguido por vários graus de incapacidade visual.

  - Trata-se de uma doença grave que pode surgir sob a forma de uma epidemia, geralmente causada pelo tipo 8 e, menos frequentemente, pelos tipos 19 e 37.

- Diarreia

- Os adenovírus podem ser frequentemente isolados das fezes, mas a sua relação com a doença intestinal não foi estabelecida de forma conclusiva.

- Alguns adenovírus fastidiosos, que podem ser demonstrados abundantemente nas fezes por micoscopia eletrónica, mas que não crescem em culturas de tecido Cunjuctival, podem causar doença diarreica diarreica em crianças

DIAGNÓSTICO LABORATORIAL

O diagnóstico pode ser estabelecido através do isolamento do vírus da garganta, dos olhos, da urina ou das fezes.

Os materiais são inoculados em culturas de tecidos.

A identificação preliminar é possível através da observação dos efeitos citopáticos e de testes de fixação do complemento com antissoro de adenovírus.

Por hemaglutinação com eritrócitos de rato e macaco, o isolado pode ser classificado em subgrupos.

A tipagem é efectuada através de testes de neutralização.

Para o diagnóstico serológico, o aumento do título de anticorpos deve ser demonstrado em soros emparelhados. O exame de uma única amostra de soro é inconclusivo, uma vez que os anticorpos contra o adenovírus são muito comuns na população.

A microscopia eletrónica para deteção do vírus fecal e a imunofluroscência para deteção do antigénio viral na infeção nasofaríngea e ocular são úteis

Profilaxia

A prevenção específica só é necessária para o controlo de surtos em comunidades fechadas, como nos recrutas militares.

Foram utilizadas vacinas vivas e mortas para a prevenção da DAR, com algum sucesso.

Não existe nenhuma vacina disponível para uso geral.

CAPÍTULO 7.0 : ORTOMIXOVÍRUS

O ORTHOMYXOVIRUS é constituído por vírus da gripe e pertence ao grupo *MYXOVIRUS* foi utilizado originalmente para um grupo de vírus RNA com envelope caracterizados pela sua capacidade de se adsorverem aos receptores mucoproteicos dos eritrócitos, causando hemaglutinação. A gripe é uma doença infecciosa aguda do trato respiratório que ocorre em formas esporádicas, epidémicas e pandémicas.

Pfeiffer isolou ***o HAEMOPHILUS INFULENZAE*** e afirmou que era o agente causador.

Burnct dcscnvolvcu técnicas de embriões de pinto para a propagação do vírus.

A gripe também ocorre em animais e aves na natureza.

As aves, em particular as aquáticas, parecem ser o principal reservatório dos vírus da gripe, tendo sido identificada uma infeção natural em várias espécies de aves

Propriedades do orthomyxovirus

Size of virion.	80-120nm.
Shape.	Spherical, filamentous in fresh isolates.
Genome.	Segmented; 8 pieces of RNA.
Site of synthesis of ribonucleoprotein.	Nucleus.

Morfologia

Tipicamente esférica, com um diâmetro de 80-120 nm, mas o pleomorfismo é comum.

Visível ao microscópio de fundo escuro.

O *GENOMA do ARN* de cadeia simples de sentido negativo é segmentado e existe em 8 partes.

O nucleocapsídeo está rodeado por um invólucro, que tem uma camada proteica de membrana interna e uma camada lipídica externa.

A proteína de membrana É também conhecida como a matriz ou *M-PR0TETN* composta por dois componentes, **Ml** e **M2.**

Do envelope saem dois tipos de espigões (peplomers):

Os picos **de HEMAGGLUTININA**, de secção transversal triangular, e os peplomers **de NEURAMINIDASE**, em forma de cogumelo, menos numerosos.

ANTIGÉNIO INTERNO

O antigénio interno é a ribonucleoproteína e é designado por ANTIGÉNIO RNP.

Uma vez que se encontra livre nos tecidos infectados e ocorre no sobrenadante quando o fluido contendo o vírus é centrifugado, foi também denominado antigénio SOLÚVEL (s).

O antigénio RNP pode ser demonstrado através de testes **de fixação do complemento** e **de imunoprecipitação**.

Os antigénios RNP dos tipos A, B e C são distintos, mas todas as estirpes de qualquer um dos tipos possuem o mesmo antigénio.

ANTIGÉNIO DE SUPERFÍCIE

O termo "***VIRAL***" ou "***V-ANTIGÉNIO***" foi utilizado para descrever o antigénio de superfície.

Os anticorpos contra o antigénio v foram estimados por ***fixação de complemento.***

O antigénio V é composto por, pelo menos, duas proteínas codificadas pelo vírus, *a HEMAGGLUTININA* e *a NEURAMINIDASE*.

Resistência

Inactivado por aquecimento a 50*C durante 30 min.

Mantém-se viável a 0-4*C durante cerca de uma semana.

Conservado durante anos a -70*C ou por liofilização.

Permanecem viáveis em fómites como os blakets durante cerca de 2 semanas.

Éter, formaldeído, fenol, sais de metais pesados e muitos outros desinfectantes químicos destroem a infecciosidade

Os vírus da gripe dividem-se em 3 classes

INFLUENZA A

- O agente causador de doenças mais virulento e grave.
- Capaz de infetar seres humanos e animais, as aves aquáticas selvagens são os hospedeiros naturais de uma grande variedade de gripe A.

- É a principal causa das pandemias a nível mundial.
- Os subtipos são HlNl, H1N2, H2N2, H3N2 , H5N1, etc.

INFLUENZA B

- Infecta exclusivamente os seres humanos.
- menos comum do que a gripe A.
- lOOnm de diâmetro.
- antigenicamente estáveis.
- Não se dividem em subtipos, mas podem ainda ser divididos em diferentes estirpes.

INFLUENZA C

- Afectam os seres humanos e os suínos.
- Causa menor da doença.
- Normalmente não causa infeção, mas uma vez que causa infeção, leva a uma doença grave

Patogénese

A gripe suína é uma doença respiratória dos suínos causada pelo vírus da gripe de tipo A que provoca surtos regulares nos suínos. É um vírus que infecta principalmente os suínos. É um vírus contagioso e pode propagar-se de um ser humano para outro. Transmitido nas secreções respiratórias. Replica-se no endotélio do trato respiratório e provoca a destruição das células. A disseminação viral começa com o contacto e continua durante 10 dias.

Caraterísticas clínicas

Período de incubação 1-4 dias. A gravidade da doença depende da exposição prévia à mesma estirpe ou a estirpes semelhantes. O início dos sintomas é abrupto: tosse não produtiva, febre, dores musculares, dor de cabeça, dor de garganta, corrimento nasal, cansaço.

Diagnóstico laboratorial

➢ DEMONSTRAÇÃO DO ANTIGÉNIO DO VÍRUS: o diagnóstico rápido da gripe pode ser feito através da demonstração do antigénio do vírus na superfície das células da nasofaringe por imunofluorescência

- ISOLAMENTO DO VÍRUS: o isolamento do vírus é facilmente obtido durante os primeiros dois ou três dias da doença, mas é menos frequente nas fases posteriores. Os gargarejos da garganta são colhidos utilizando um caldo salino ou uma solução salina tamponada adequada. Se a amostra não for processada imediatamente, deve ser armazenada a 4°C, ou se o atraso for longo, a -70°C. A amostra deve ser tratada com antibióticos para destruir as bactérias. O isolamento pode ser efectuado em OVOS ou em cultura de células de RIM DE MACACO.

- SEROLOGIA: os testes de fixação do complemento e de inibição da hemaglutinação são utilizados para o diagnóstico serológico da gripe. É essencial examinar soros emparelhados em paralelo, para demonstrar o aumento do título de anticorpos.

    1) INIBIÇÃO DA HEMAGLUTINAÇÃO (HI): oferece um método conveniente para a deteção e quantificação do anticorpo contra o vírus. Uma desvantagem desta técnica é a presença frequente no soro de certas substâncias que provocam uma inibição inespecífica da hemaglutinação. Foram identificados diferentes tipos de inibidores inespecíficos no soro e foram-lhes atribuídos nomes como inibidores ALFA (francis), BETA (chu) e GAMMA (shimojo).

    2) TESTES DE FIXAÇÃO DO COMPLEMENTO: o antigénio RNP dos tipos de gripe A, B e C é muito útil, uma vez que os anticorpos são formados apenas durante a infeção e não após a imunização com vacinas inactivadas... a fixação do complemento também pode ser feita utilizando antigénios V para a demonstração de anticorpos específicos da estirpe, devido à sua complicação, os testes de FC são agora raramente utilizados...

- **TESTES DE IMUNODIFUSÃO RADIAL:** são realizados em gel de agarose e foram descritos para a identificação de anticorpos contra o antigénio RNP, a hemaglutinina e a neuraminidase. No entanto, estes testes são mais úteis como testes de rastreio do que para o diagnóstico de rotina.

- **DIAGNÓSTICO BASEADO NA PCR:** com primers específicos para os subtipos, pode ser utilizado num ensaio de PCR multiplex para identificar o vírus numa amostra clínica.

Imunoprofilaxia

As vacinas contra a gripe são utilizadas há muitas décadas e constituem o pilar da prevenção da gripe.

A principal dificuldade na imunoprofilaxia da gripe é a alteração frequente da composição antigénica do vírus. As vacinas não podem ser fabricadas a granel e armazenadas, uma vez que o aparecimento de uma nova variante tornará a antiga vacina obsoleta.

Nos países frios, quando é necessário proteger os idosos e outros indivíduos de alto risco, a prática é imunizá-los com uma vacina que contenha as últimas estirpes dos vírus TIPO A e B.

CAPÍTULO 8.0: PARAMYXOVIRUS : INFECÇÕES RESPIRATÓRIAS, PAPEIRA E SARAMPO

O nucleocapsídeo está rodeado por um invólucro lipídico que tem uma proteína matriz (M) na sua base e 2 tipos de picos de glicoproteínas na superfície. O pico mais longo é a hemaglutinina (H) e pode também apresentar neuraminadase (N), sendo por isso conhecido como proteína HN. O segundo pico é a proteína de fusão (F). A família divide-se em 4 géneros

Família: Paramyxoviridae

Subfamília: Paramyxovirinae

Géneros

1. Rubulavírus: Vírus da papeira, Parainfluenzavírus 2,4
2. Respirovírus : Parainfluenzavírus 1,3
3. Henipavírus : vírus Hendra, vírus Nipah
4. Morbillivirs: Vírus do sarampo

MUMPS

- O rubulavírus pertence à família Paramyxoviridiae.
- Esta família contém agentes patogénicos de bebés e crianças, responsáveis sobretudo por doenças respiratórias agudas e também por papeira e sarampo.
- Menos frequente nos adultos.
- Forma aproximadamente esférica.
- Tamanho-100-300 com filamentos longos, por vezes até 800nm de tamanho.
- Nucleocápside-helicoidal(18nm).
- ARN de cadeia simples linear genómico.
- Antigenicamente estáveis, não apresentam recombinação ou variação.

- Também conhecido como vírus da papeira, ou seja, o causador da doença da papeira.
- A papeira é uma doença infecciosa aguda que afecta habitualmente as crianças.
- Caracterizada por um aumento não supurativo das glândulas parótidas.
- A origem viral da papeira foi demonstrada por Johnson e Good Pastuer através da sua transmissão experimental a macacos em 1934.
- Em 1945, Habel cultivou o vírus em ovos embrionados.

- Em 1955, Henle e Deinhardt cultivaram-na em cultura de tecidos.

PROPRIEDADES

- Paramixovírus típico que possui as proteínas HN e F.
- Aglutina eritrócitos de galinhas, porquinhos-da-índia, humanos, etc.
- A hemaglutinação é seguida de eluição da hemólise a 37 .°
- Pode ser cultivado em embriões de pinto.
- A cultura celular em células de rim de macaco é mais adequada para o isolamento.
- O ECP é lento, com formação de sincícios e presença de inclusões citoplasmáticas acidófilas.
- O crescimento é melhor identificado pela hemadsorção.

Resistência

- O vírus é instável.
- Rapidamente inactivado à temperatura ambiente.
- Também por formaldeído, éter ou luz UV.
- Pode ser conservado a -70° c ou por liofilização.

Estrutura antigénica

- Antigenicamente estável.
- Existe apenas um serótipo.
- São reconhecidos dois antigénios de fixação do complemento - o antigénio S solúvel c o antigénio V viral.

Caraterísticas clínicas

- Infeção adquirida por inalação e também através da conjuntiva.
- O vírus replica-se no trato respiratório superior e nos gânglios linfáticos cervicais.
- Depois dissemina-se através da corrente sanguínea para vários órgãos.
- Período de incubação - 12-25 dias.
- O inchaço da parótida é o primeiro sinal de doença.

- Acompanhada de febre, dor e sensibilidade local, mas a pele sobre a glândula não está quente e eritematosa.
- A parotidite resolve-se com um fraco.
- A epididimo-orquite é uma complicação que afecta cerca de um terço dos doentes do sexo masculino pós-púberes.
- Os testículos tornam-se inchados e agudamente dolorosos.
- O SNC está envolvido em cerca de 60% dos casos.
- A papeira está associada a cerca de 10-15% de casos de meningite asséptica.
- A meningite e a meningoencefalite da papeira resolvem-se normalmente, mas por vezes pode resultar em surdez.
- O vírus pode ser facilmente cultivado a partir do LCR no caso inicial de meningite
- Outras doenças comuns são a artrite, a ooforite, a nefrite, a pancreatite, a tiroidite e a miocardite.

Epidemiologia

- Endémica em todo o mundo.
- Tornou-se menos comum devido à imunização.
- Ocorre como epidemia em crianças dos 5 aos 15 anos de idade.
- O ser humano é o único hospedeiro natural
- Fonte de infeção - doente na fase de incubação tardia ou na fase inicial da doença.
- Modo de transmissão - contacto direto, gotículas aéreas, fómites contaminados com saliva.
- Um ataque de papeira confere imunidade duradoura, de modo a que não ocorram segundos ataques.

DIAGNÓSTICO LABORATORIAL

- Um caso típico de papeira não necessita de confirmação laboratorial.

- Nos casos atípicos, o diagnóstico é estabelecido por isolamento do vírus e teste serológico.
- O vírus pode ser isolado da saliva, da urina ou do LCR.
- As amostras têm de ser inoculadas logo após a colheita, uma vez que o vírus é lábil.
- A amostra preparada é inoculada em cultura de células de rim de macaco, âmnio humano ou células HeLa.
- O crescimento do vírus é detectado por hemadsorção e identificado por inibição da hemadsorção utilizando um antissoro específico.
- Obtêm-se resultados mais rápidos através de testes de imunofluoroscência de culturas de células infectadas.
- O isolamento pode ser efectuado por inoculação em 6 a 8 embriões de pinto.
- O diagnóstico serológico depende da demonstração do aumento do título de anticorpos numa amostra de soro emparelhada.
- Os testes CF e HI são normalmente utilizados.
- O teste IgM-ELISA é útil.
- A pesquisa de Ab para o Ag S no soro de fase aguda constitui uma prova presuntiva da infeção atual.

PROFILAXIA

- Existe uma vacina eficaz de vírus vivos contra a papeira.
- A estirpe Jeryl-Lynn do vírus da papeira, atenuada por passagem em ovos e cultivada em cultura de fibroblastos de embrião de galinha, é utilizada como vacina.
- A vacina é administrada como injeção subcutânea única ou com a vacina contra o sarampo e a rubéola (vacina MMR).
- A imunoglobina da papeira não tem qualquer valor quer para a profilaxia pós-exposição quer para o tratamento.

MEASLES

O sarampo é uma doença viral aguda causada por um morbilivírus da família dos paramixovírus. A fase prodrómica caracteriza-se pelo aparecimento de febre, mal-estar, coriza, conjuntivite e tosse. A erupção cutânea é eritematosa e maculopapular, começando na cabeça e espalhando-se para o tronco e os membros ao longo de três a quatro dias.

As manchas de Koplik (pequenas manchas vermelhas com centros branco-azulados) podem aparecer nas membranas mucosas da boca um a dois dias antes do aparecimento da erupção cutânea e podem ser vistas durante mais um a dois dias depois. O sarampo propaga-se por transmissão aérea ou por gotículas.

Os indivíduos são infecciosos desde o início do período prodrómico (quando surge o primeiro sintoma) até quatro dias após o aparecimento da erupção cutânea. É uma das doenças infecciosas mais altamente transmissíveis.

O período de incubação é de cerca de dez dias (variando entre sete e 18 dias), com mais dois a quatro dias antes do aparecimento da erupção cutânea

- Um dos cinco exantemas clássicos da infância (doenças eruptivas
- Uma das causas mais proeminentes de doença em populações não vacinadas
    - 30-40 milhões de casos por ano
    - 1-2 milhões de mortes por ano
- Menos de 1000 casos nos EUA desde 1993; resultado da vacina viva
- Gama de hospedeiros limitada aos seres humanos, um serótipo

Extremamente contagioso

Raramente uma infeção inaparente

Mais grave nos adultos do que nas crianças

Recuperação na maioria dos casos

Imunidade para toda a vida

COMPLICAÇÕES

1. Pneumonia Orbacteriana Viral
2. Sarampo atípico

3 .Sensibilização imunitária devida a uma vacina viral inactivada precoce (1963-67) ou (raramente) a uma vacina atenuada

4. imunopatologia reforçada

5. Encefalite aguda pós-infecciosa (ou ADEM - encefalomielite aguda disseminada)

DIAGNÓSTICO

- Manifestações clínicas
  - Pontos de Koplik
  - Erupção cutânea maculopapular
  - Febre
- Cultura de vírus (difícil)
- Serologia para anticorpos
- rtPCR
- Imunofluorescência para o antigénio do sarampo

VACINAÇÃO CONTRA O SARAMPO

- Vacina viva atenuada na tríplice viral; injectada
- Um serótipo
- Consideração do momento em relação à imunidade materna
- A resposta dos anticorpos é boa, mas não é duradoura como na infeção natural

Revacinar aos 18-20 anos. Surto recente devido a indivíduos não vacinados

VÍRUS SINCICIAL RESPIRATÓRIO

- Muito difundida: 75% dos bebés seropositivos até 1 ano de idade
- Anualmente nos EUA 50.000-80.000 hospitalizações, 100 mortes de bebés, 17.000 mortes de idosos
    - Causa mais comum de infecções fatais do trato respiratório agudo em bebés e crianças pequenas
- Gama de hospedeiros limitada aos seres humanos; serótipo único
- Transmissão respiratória
    - Gotículas de aerossóis ou fómites, contacto mão-nariz, geralmente nos meses de inverno
    - Altamente contagiosa; o período de contágio precede os sintomas e pode ocorrer na ausência de sintomas
- Infecções localizadas do trato respiratório, sem viremia e sem infecções sistémicas
- Doença
    - Crianças < 1 ano: bronquiolite
        - Sibilância, dispneia, aprisionamento de ar, hiperexpansão dos pulmões, diminuição da ventilação; assemelha-se à asma
        - Causada pela resposta imunitária do hospedeiro, particularmente grave em bebés, assemelha-se à asma e bloqueia as vias respiratórias. É invulgar o facto de a infeção grave ocorrer no primeiro ano de vida, face à presença de anticorpos maternos. Também provoca pneumonia
    - Pneumonia
    - Constipação comum em crianças mais velhas e adultos
- Imunidade deficiente

- A re-infeção ocorre ao longo da vida
    - O anticorpo materno não previne a infeção

DIAGNÓSTICO

- rtPCR, imunofluorescência, imunoensaio enzimático, serologia
- Cultura difícil

• Tratamento

  - A ribavarina reduz a gravidade dos sintomas em doentes imunocomprometidos

• Não há vacina; a vacinação incorrecta aumenta a gravidade da doença

• Vacinação passiva para bebés de alto risco

  - Palivizumab: anticorpo monoclonal anti-F

CAPÍTULO 9.0: PICORNAVÍRUS

Os membros da família Picornaviridae encontram-se em mamíferos e aves. O poliovírus foi um dos primeiros vírus a ser propagado em cultura celular e foi também um dos primeiros a ser purificado em placa. A maioria dos picornavírus cresce facilmente em cultura de células, é fácil de purificar e é estável, tornando-os vírus populares para estudos laboratoriais.

Classificação dos picornavírus: Cinco géneros e a maior e mais importante família de agentes patogénicos virais

- Três importantes para os seres humanos

1. ENTEROVIRUSES
   a) Poliovírus: 3 serotipos
   b) Coxsackievírus: Grupo A, 23 serotipos e Grupo B, 6 serotipos
   c) Echovírus: 32 serotipos
   d) Novos enterovírus: 4 serotipos (#68-71)
2. RHINOVÍRUS
3. VÍRUS DA HEPATITE

POLIOVÍRUS

De facto, a maioria das infecções por poliovírus são infecções relativamente inofensivas da orofaringe e do intestino. A doença grave só ocorre quando outros tecidos são infectados, resultando em viremia (vírus no sangue) e disseminação da infeção para o sistema nervoso central.

Trata-se de um acontecimento muito raro em bebés, que ainda têm anticorpos anti-poliovírus adquiridos das suas mães. Se, no entanto, houver menos poliovírus no ambiente humano, de modo que a maioria das infecções ocorra depois de estes anticorpos terem desaparecido, então a infeção do sistema nervoso central é mais provável.

Ironicamente, a poliomielite é uma doença associada principalmente à melhoria dos padrões de higiene e saneamento! A infeção do sistema nervoso central pelo poliovírus pode resultar em meningite (da qual a maioria dos doentes recupera completamente), encefalite e/ou poliomielite paralítica. Esta última deve-se à replicação do vírus nos neurónios motores da medula espinal ou do tronco cerebral, resultando na paralisia dos membros e/ou dos músculos respiratórios, poliomielite = massa cinzenta, mielite = inflamação da medula espinal, que significa literalmente "inflamação cinzenta da medula espinal". Descrita pela primeira vez por Michael Underwood em 1789. Primeiro surto descrito nos EUA em 1843.

Morfologia

- Partícula esférica
- Cerca de 27 nm de diâmetro
- Pode sobreviver durante meses a 4'C e anos a -20'C.
- Facilmente inactivado pelo calor (55'C durante 30 minutos).
- O poliovírus não sobrevive bem à liofilização
- Resistência ao éter, clorofórmio, bílis, enzimas proteolíticas do conteúdo intestinal e detergentes
- Estável a pH 3 e nas fezes, pode sobreviver durante meses a 4^{0} C e anos a -2O° C
- Facilmente inactivado pelo calor (55^{0} C durante 30 minutos)
- A cloração destrói o vírus na água
- Os desinfectantes fenólicos não são eficazes
- Não sobrevive à liofilização
- O MgCl2 molar protege o vírus contra a inativação pelo calor

PROPRIEDADES ANTIGÉNICAS

- Através do teste de neutralização, o vírus da poliomielite foi classificado em três tipos: Tipo 2, 2, 3
- Típicos: mais comuns e causam a maioria das epidemias
- Tipo2: causam infecções endémicas
- Tipo 3: as estirpes causaram epidemias.

PATOGENESE

- Transmitido por via oral e fecal através da ingestão

- Entrada na boca
- A replicação ocorre na faringe, no TGI e nos linfáticos locais
- Hématologia disseminação para os linfáticos e SNC
- Propagação viral ao longo das fibras nervosas.
- Destruição dos neurónios motores.
- Afecta sobretudo crianças com menos de 5 anos de idade nos países tropicais em desenvolvimento.
- O período de incubação varia de 6 a 20 dias
- O vírus multiplica-se inicialmente nas células epiteliais.
- Disseminação para os gânglios linfáticos regionais e entrada na corrente sanguínea *(viremia primária)*
- Após a multiplicação no RES, o vírus entra novamente na corrente sanguínea *(veremia secundária)*.
- As lesões são os cornos anteriores da medula espinal, causam paralisia flácida.
- Paralisia flácida: a extensão do envolvimento varia muito de caso para caso e, nas suas formas mais graves, os quatro membros podem ficar completamente paralisados ou o tronco cerebral pode ser atacado com paralisia dos nervos cranianos e dos músculos da respiração
- As lesões ocorrem principalmente nos cornos anteriores da medula espinal, causando paralisia flácida (poliomielite espinal)
- Os cornos posteriores e as colunas intermédias podem também estar envolvidos em certa medida
- Lesões semelhantes ocorrem na medula e no tronco cerebral **(poliomielite bulbar)** e no córtex principal **(poliomielite encefalítica)**
- A mortalidade varia entre 5-10% e deve-se principalmente a insuficiência respiratória
- **Poliomielite abortiva** a doença menor da poliomielite.
- **A poliomielite anterior aguda** é a principal doença da poliomielite.
- **Poliomielite ascendente** Poliomielite com progressão cefálica.
- **A poliomielite bulbar** é uma forma grave que afecta a medula oblonga e que pode resultar em disfunção do mecanismo de deglutição, embaraço respiratório e perturbação circulatória.

- **Poliomielite cerebral** Poliomielite que se estende ao cérebro.
- **Poliomielite paralítica espinhal** a forma clássica de poliomielite anterior aguda, com o aparecimento de paralisia flácida de um ou mais membros.

SINTOMAS

- Febre, faringite, dor de cabeça, anorexia, náuseas e vómitos.
- A doença pode evoluir para meningite asséptica e menigoencefalite em 1% a 4% dos doentes.
- Estes doentes desenvolvem febre alta, mialgia e dor de cabeça grave com rigidez do pescoço e das costas.

DIAGNÓSTICO LABORATORIAL

1. Sangue (viremia primária)
2. Medula espinal e cérebro (post-mortem)
3. Esfregaço da garganta nas fases iniciais da doença
4. Fezes: o vírus pode ser isolado em 80% dos doentes na primeira semana, 50% até às 3 semanas e 25% até às 6 semanas (recolhido em dois dias separados, uma vez que a excreção fecal pode ser intermitente)
5. LCR (raramente)

- A cultura de tecidos para isolamento viral é o melhor método.
- Podem ser utilizados espécimes de sangue, LCR, garganta, esfregaço e fezes
- Isolado do sangue durante a fase de viremia primária, 3 a 5 dias após a infeção.
- A PV raramente pode ser isolada do LCR.
- Pode ser obtido a partir da medula espinal e do cérebro
- O aumento de Ab pode ser demonstrado em soros emparelhados por CFT.
- *Os anticorpos* aparecem logo após o início da paralisia, de modo que mesmo a primeira amostra de soro pode conter quantidades apreciáveis de anticorpos.
- O CFT é útil para identificar a exposição ao vírus da poliomielite.

Profilaxia

1. **A IMUNIZAÇÃO PASSIVA** é efectuada através da administração de gamaglobulina humana e tem pouco valor

2. IMUNIZAÇÃO ACTIVA

a) **DOSE DE VACINA MORTA (VACINA MORTA DE SALK):** Também designada por poliovacina inactivada ou injetável (IPV), uma vez que é administrada por injeção. Três doses administradas com um intervalo de 4-6 semanas constituem a vacinação primária, seguida de um reforço seis meses mais tarde. A primeira dose deve ser administrada aos bebés após os seis meses.

b) **VACINAS VIVAS ATENUADAS (VACINA DE SABIN):** Uma dose única deveria ser suficiente para estabelecer a infeção e a imunidade, mas na prática são administradas três doses com intervalos de 4-8 semanas

Epidemiologia

Doença exclusivamente humana

Fonte: humanos, doentes ou, muito mais frequentemente, o portador sem sintomas

Os doentes libertam o vírus nas fezes durante períodos variáveis, cerca de 50% durante três semanas e uma pequena percentagem durante 3-4 semanas

O vírus pode persistir no ambiente (esgotos) até seis meses

O vírus libertado nas secreções da garganta durante a fase inicial da doença pode também ser uma fonte de infeção para os contactos dos doentes

Infeção em geral assintomática

O rácio entre infecções subclínicas e clínicas tem sido declarado como 100 ou 1000 para 1

O resultado da infeção é influenciado pela virulência da estirpe infetante, pela dose de infeção e pela idade do indivíduo. Os adultos são mais susceptíveis do que as crianças e a gravidez acarreta um risco acrescido de paralisia.

CAPÍTULO 10.0: VÍRUS RINOCERONTE

A constipação comum é provavelmente a doença infecciosa mais comum dos seres humanos. O vírus da constipação comum foi isolado por Tyrrell e o seu colega (I960) através da inoculação de espécimes em culturas de rins de macaco incubadas em tambores de rolos a 33°c em vez de 39°c e utilizando um meio que continha uma concentração de bicarbonato inferior à habitual

Posteriormente, vários vírus semelhantes, provenientes de casos de constipação comum relatados por outros trabalhadores, foram designados por rinovírus ("rinoceronte" refere-se a "nariz", o órgão primariamente afetado). Os rinovírus assemelham-se a outros picornavírus em termos de tamanho e estrutura.

Diferem dos enterovírus pelo facto de serem mais lábeis aos ácidos, mas mais estáveis ao calor. São inactivados abaixo de pH 6. São relativamente estáveis a 20-37° C e permanecem viáveis em fómites durante dias. Alguns serotipos sobrevivem durante uma hora a 50°C. Através do teste de neutralização, foram classificados em mais de 100 serotipos. A imunidade é específica do tipo.

GAMA DE HOSPEDEIROS E CULTIVO

Para além dos seres humanos, os rinovírus só podem produzir uma infeção experimental nos chimpanzés. O vírus do rinoceronte relacionado foi isolado de bovinos e cavalos, mas não se conhece a sua importância na infeção humana.

Os rinovírus podem ser cultivados em culturas de tecidos de origem humana com alterações citopáticas, se for proporcionada uma boa oxigenação, um pH baixo e uma temperatura baixa de 33° C.

Em função do crescimento em cultura de tecidos, os rinovírus foram classificados em 3 grupos: H, M e 0. A estirpe H cresce apenas em células humanas, enquanto a estirpe M cresce igualmente em células humanas e de macaco.

Esta classificação já não é utilizada, uma vez que as caraterísticas de crescimento não são estáveis e podem ser alteradas por adaptação

PATOGENICIDADE

- Os vírus ligam-se a receptores nas células epiteliais ciliadas nasais, entram e replicam-se dentro delas, espalhando-se para outras células.
- Os cílios são danificados e o epitélio fica sujeito a uma infeção bacteriana secundária.

- A inflamação local e as citocinas podem ser responsáveis pelos sintomas, o que ajuda na recuperação.
- A resposta dos anticorpos, tanto nasal como sistémica, varia em intensidade e duração com diferentes estirpes

DIAGNÓSTICO LABORATORIAL

O isolamento do vírus pode ser obtido a partir de esfregaços nasais ou da garganta colhidos no início da infeção, em culturas de células humanas, de preferência das estirpes MRC^{5} ou W^{138} . O crescimento pode demorar 2 semanas a aparecer. Devido ao grande número de serótipos, a serologia não é viável para o diagnóstico.

EPIDEMIOLOGIA

- A constipação é uma doença infecciosa transmitida por gotículas.
- O contacto mão a mão, seguido de auto-inoculação da mucosa nasal, é um modo importante de transmissão.
- O período de incubação é de cerca de 2 dias A duração da disseminação do vírus não é conhecida.
- A multiplicidade torna impossível a vacinação.
- O controlo reside no desenvolvimento de quimioterapia antiviral

CAPÍTULO 11.0: VÍRUS DA HEPATITE: HEPATITE INFECCIOSA E SÉRICA

O termo "Hepatite" significa a inflamação dos hepatócitos do fígado por bactérias, vírus, protozoários, bem como por drogas e toxinas (CCl_4).

A hepatite viral significa que existe um vírus específico que está a provocar a inflamação do fígado (inchaço ou aumento do tamanho normal).

Atualmente, são 11 vírus. Dois deles são de vírus do herpes (CMV e EBV) e os restantes 9 incluem o Hep -A, Hep -B, Hep -C, Hep -D e Hep -E. O Hep-G e o TTV (vírus transmitido por transfusão) foram descobertos recentemente.

O tipo F foi considerado como um vírus distinto causador de hepatite, mas atualmente está provado que se trata de uma mutação do tipo B.

Hepatite A

Resiste à inativação por calor a 600 durante 1 hora, inactivado por ebulição, formaldeído e cloro e não afetado por detergentes aniónicos
Estável a -200 C com pH baixo
Um serótipo
Cultivado em culturas de células hepáticas de saguim e em culturas de células renais fetais de macaco rhesus
Doença subaguda de distribuição global
Afectando principalmente crianças e jovens adultos
Sem infeção crónica
A doença é subclínica em metade dos adultos infectados
Pode ocorrer uma doença fatal, mas a doença autolimitada é a regra

Morfologia

Género - hepatovírus

ARN de sentido positivo (ss), não envelopado com simetria cúbica
Diâmetro 27 nm
O capsídeo é constituído por quatro proteínas estruturais e é ainda mais estável ao ácido e ao calor do que outros enterovírus
Quatro polipéptidos virais VPl a VP4
O Rna tem uma proteína viral genómica - VPG na extremidade 5'

Morfologicamente semelhante a outros picornavírus
As propriedades físicas e químicas são semelhantes às dos enterovírus

Hepatite A

Hepatite infecciosa ou hepatite de incubação curta
Ocorre esporadicamente ou sob a forma de surtos

Países em desenvolvimento: 90% da população possui o Ab para o vírus e é imune. Com a melhoria da higiene pessoal e do saneamento básico, a sua incidência tem vindo a diminuir
Índia: causa mais comum de hepatite aguda em crianças, mas menos frequente em adultos e está associada a chuvas fortes

Fonte
Os doentes são mais contagiosos nas 1 a 2 semanas que antecedem o início da doença clínica Os seres humanos parecem ser os principais hospedeiros naturais
Modo de transmissão

O modo de propagação é fecal-oral (alimentos e água contaminados, por exemplo, manipuladores de alimentos infectados Contacto pessoal próximo, por exemplo, contacto doméstico, centros de dia para crianças)
A transfusão de sangue é possível, mas não é um meio importante de propagação
A transmissão parentérica é rara devido à breve viremia na fase pré-terminal que cessa com o início da iterícia
Não há transmissão transplacentária

Patogénese

- Replicar inicialmente na mucosa entérica
- Multiplicação nos intestinos
- Período de viremia (fase prodrómica/preictericia)
- Disseminação para o fígado e o fígado torna-se volumoso e sensível (infiltração de células linfóides, necrose das células parenquimatosas do fígado e proliferação das células de Kupffer e estase biliar) Sintomas: febre, anorexia, náuseas, dor no quadrante superior direito do abdómen
  Período de incubação:10-50 dias
- Thenjaundice (fase itérica)
- A recuperação ocorre em dias ou semanas

NOTA
0,1% - PODE OCORRER HEPATITE FULMINANTE E FATAL ASSOCIADA A NECROSE HEPÁTICA EXTENSA
Urina escura e fezes cor de barro antes de 1 a 5 dias antes do início do quadro clínico

iterícia
Níveis séricos de aminotransferase e bilirrubina elevados
O vírus é libertado nas fezes durante o período de incubação tardio e a fase prodrómica da doença
A extensão da necrose coincide frequentemente com a gravidade da doença
Assintomático ou ligeiramente doente Sem iterícia (hepatite A anictérica)
99% dos casos são auto-limitados
Quando sintomática, há geralmente febre e iterícia

Diagnóstico

Kits ELISA disponíveis

Hepatite aguda (Doença precoce com sintomas)

As primeiras absorções são predominantemente IgM (aparecem no final do período de incubação, atingem
níveis máximos em 2-3 semanas e desaparece após 3-4 meses)

Nota: infeção atual ou recente

Títulos elevados de IgM Ab específica do vírus no soro

Convalescença

IgG (persiste indefinidamente), pelo que o aumento do título entre os soros agudos e convalescentes deve ser documentado (aparece ao mesmo tempo, atinge o pico em 3-4 meses e persiste durante muito mais tempo, ou seja, para toda a vida)

Nota: infeção recente ou remota e imunidade

Identificação imunológica por microscopia eletrónica: pode ser efectuada em amostras fecais durante o período de incubação tardio e a fase pré-itérica

Isolamento: cultura de células

Profilaxia

Melhoria das práticas sanitárias

Prevenção da contaminação fecal dos alimentos e da água

Imunização passiva: imunoglobulina humana normal combinada (IM) antes da exposição ou no início do período de incubação - apenas previne ou atenua a doença clínica, mas não previne a infeção ou a excreção do vírus

Imunização ativa: está disponível uma vacina inactivada com formalina contendo HAV cultivado em cultura de células diplóides humanas. O ciclo completo consiste em duas injecções intramusculares da vacina. A proteção começa 4 semanas após a injeção e dura 10 a 20 anos

HEPATITE - B

INTRODUÇÃO

A descoberta do VHB foi um acaso.

A hepatite B, anteriormente conhecida como "hepatite sérica", reflecte a sua associação com a transfusão de sangue ou a utilização de agulhas.

Apresenta-se geralmente como assintomática / doença limitada, febre e iterícia durante dias ou semanas.

Apenas 10% dos casos crónicos recodificados podem conduzir a cirrose ou carcinoma hepatocelular.

Resiste à inativação por calor a 6O° durante 1 hora, inactivado por ebulição, formaldeído e cloro e não afetado por detergentes aniónicos

Estável a -2O° C com pH baixo

Um serótipo

Cultivado em culturas de células de fígado de saguim e em culturas de células de rim fetal de macaco rhesus

Doença subaguda de distribuição global

Afectando principalmente crianças e jovens adultos

Sem infeção crónica

A doença é subclínica em metade dos adultos infectados

Pode ocorrer uma doença fatal, mas a doença autolimitada é a regra

Morfologia

O vírus de ADN mais pequeno que se conhece.
Um membro do grupo dos hepadnavírus .
O virião completo tem 42 nm e é composto por um núcleo de 27 nm, rodeado por um invólucro lipoproteico exterior.
O genoma viral circular é constituído por ADN de cadeia dupla parcial, sendo uma das cadeias curta (s) e associada à polimerase do ADN viral (polaridade +ve) e a outra completa ou longa (1) complementar (polaridade -ve).
O hepadnavírus apresenta uma gama estreita de hospedeiros, crescendo apenas em espécies próximas do hospedeiro natural (humano) - gibão, macaco verde africano, macaco rhesus.

Origem da infeção

O vírus é mantido num grande número de portadores, o que constitui uma fonte importante.
Outros fluidos corporais e excreções - saliva, leite materno, sémen, secreção vaginal, urina, bílis, fezes. Nota: - Na Grã-Bretanha, os portadores do VHB estão proibidos de praticar medicina invasiva e também não podem ser estudantes de medicina.

Modo de transmissão

O VHB é um vírus transmitido pelo sangue, por via parentérica, sexual e perinatal.

O VHB é altamente infecioso, muito mais do que o VIH

Um vestígio mínimo de 0,00001 ml de sangue infetado tem a capacidade de infetar .

Fómites - seringas partilhadas, lâminas de barbear, corta-unhas, máquina de tatuar, etc.

A infeção por contacto direto com lesões cutâneas, como pioderma e eczema, é muito comum nas crianças

Estrutura antigénica

1. **Envelopes: Antigénio de superfície da hepatite B (HBsAg)**, também conhecido como antigénio da Austrália.
2. **Núcleo: Antigénio do núcleo da hepatite B,** libertado pela degradação das partículas do núcleo .
3. **Nucleocápside:** Antigénio solúvel da hepatite B e (HBeAg).

Ao microscópio eletrónico, os soros de doentes do tipo B +ve apresentam três tipos de partículas

1. A forma mais abundante partícula esférica, com 22 nm de diâmetro.
2. É filamentoso ou tubular com um comprimento de 22 nm.
3. É em menor número, com uma estrutura esférica de parede dupla e 42 nm de diâmetro.

Este terceiro tipo foi descrito por Dane em 1970, sendo também conhecido como partícula de Dane.

HBcAg: Um pequeno tratamento com detergente rompe o invólucro viral e expõe o núcleo.

HBeAg: Trata-se de uma proteína do nucleocapsídeo solúvel e não particulada

Patogénese

1. O quadro clínico da hepatite B é muito variável.
2. O período de incubação pode ser tão breve como 7 dias ou tão longo como 160 dias
3. No início da evolução da doença, a dor, o inchaço das articulações e, por vezes, a artrite estão associados.

4. Início gradual de fadiga, perda de apetite, náuseas, dor, plenitude no quadrante superior direito do abdómen.
5. Alguns doentes desenvolvem erupções cutâneas do tipo "doença do soro".
6. Aumento do envolvimento do fígado, aumento da colestase, fezes cor de barro, escurecimento da urina e iterícia

Sintomas

A hepatite B crónica é uma ameaça silenciosa

1. Metade das pessoas com hepatite B crónica não apresenta sintomas
2. As pessoas que têm o vírus da hepatite B podem infetar outras pessoas sem o saberem.
3. Muitas vezes, as pessoas descobrem que têm o vírus da hepatite B depois de ficarem realmente doentes, quando normalmente é demasiado tarde ou difícil

tratar a infeção.

4. Não há cura, mas existem tratamentos eficazes.

Epidemiologia

5. Hepatite B no mundo
6. 2 biliões de pessoas foram infectadas (2 em cada 3).
7. 400 milhões estão infectados de forma crónica.
8. Cerca de 1 milhão de pessoas morrem todos os anos.
9. Cerca de 2 pessoas morrem por minuto devido à hepatite B.
10. Ocorre em todo o mundo.
11. A infeção é esporádica, embora se tenham registado surtos ocasionais em hospitais, orfanatos e instituições para deficientes mentais.

Diagnóstico laboratorial

É utilizada uma bateria de testes serológicos para o diagnóstico da infeção aguda e crónica da hepatite B.

HBsAg - utilizado como marcador geral de infeção.

HBsAb - utilizado para documentar a recuperação e/ou imunidade à infeção pelo VHB.

anti-HBc IgM - marcador de infeção aguda.

anti-HBcIgG - infeção passada ou crónica.

HBeAg - indica a replicação ativa do vírus e, por conseguinte, a sua infecciosidade.

Anti-Hbe - o vírus já não se está a replicar. No entanto, o doente pode ainda ser positivo para o HBsAg, que é produzido pelo VHB integrado.

HBV-DNA - Indica a replicação ativa do vírus, mais preciso do que o HBeAg, especialmente em casos de mutações de escape. Utilizado principalmente para monitorizar a resposta à terapêutica. Os métodos moleculares, como a hibridação do ADN e a PCR, são métodos altamente sensíveis e quantitativos, utilizados para a análise do ADN do VHB.

Profilaxia

O VHB é uma doença que pode ser prevenida por vacina. O VHB é a primeira e única vacina contra o principal cancro

A vacinação é a ferramenta mais eficaz na prevenção da transmissão do VHB.

A família e os membros próximos do agregado familiar de uma pessoa cronicamente infetada devem ser rastreados e vacinados

Existem dois métodos diferentes para o processamento da vacina - derivado do plasma e ADN recombinante

Recomendação de vacinas

Todos os bebés à nascença e todas as crianças até aos 18 anos.

Profissionais de saúde e pessoal de emergência.

Membros próximos da família/doméstico que vivem com uma pessoa infetada.

Famílias que pretendem fazer uma adoção, nacional ou internacional.

Viajantes para países onde a hepatite B é comum (Ásia, África, América do Sul, Ilhas do Pacífico, Europa de Leste e Médio Oriente).

Doentes com doença renal ou submetidos a diálise.

Residentes e pessoal de estabelecimentos prisionais e lares de grupo.

Qualquer pessoa que possa pertencer a um grupo de alto risco devido à sua profissão ou estilo de vida

HEPATITE C

Um grande número de casos de hepatite deve-se a um vírus ARN

Família - Aavivirus (febre amarela, dengue); género: Hepacivirus

Infeção pelo VHC apenas em seres humanos

Fonte de infeção: grande número de portadores (200 milhões em todo o mundo)

Modo de infeção: transfusão de sangue e outros modos de contacto com sangue ou produtos sanguíneos infectados

Os toxicodependentes de drogas injectáveis, os receptores de transplantes e as pessoas imunocomprometidas correm um risco elevado

Menor risco: Snifar cocaína ou outras drogas, exposição profissional, piercing corporal e acupunctura com agulha não esterilizada e tatuagem

Índia: 12,5 milhões de casos

O vírus não foi cultivado em cultura, mas foi clonado em E.coli

O VHC é um vírus de 50-60 nm com um ARN de cadeia simples

É encerrado num núcleo e num envelope

Tem picos de glicoproteína na superfície

O vírus apresenta uma diversidade genética e antigénica considerável - 6 genótipos diferentes de hepatite C e muitos subtipos

O seu genoma é simples, consistindo em apenas três genes estruturais e cinco não estruturais

Fonte de infeção:

Medicamento parentérico, ferimentos com agulhas, transfusão de sangue

Contacto sexual de alto risco (múltiplos parceiros, história de outras DST, sexo anal, etc.)

Incubação: 15-160 dias

Patogénese

Período de incubação da hepatite C (6-12 semanas)

A infeção é assintomática ou ligeira e anictérica

85% dos doentes adultos tornam-se portadores crónicos, o que resulta em hepatite crónica (10-18 anos)

Se assintomático diminui

Problemas graves em alguns doentes - Cirrose e carcinoma hepatocelular

Diagnóstico

O método padrão de diagnóstico é a deteção de Ab por ELISA. Os antigénios não são detectados no sangue. Os Ag utilizados são várias proteínas estruturais e não estruturais clonadas em E.coli, tornando-se positivos apenas meses após a infeção - ELISA de terceira geração, mas necessita de confirmação por ensaio de immunoblot

Na infeção pelo VHC, os anticorpos aparecem de forma irregular e tardia, limitando a sua utilidade diagnóstica

Doença aguda - negativo para Ab (1 a 3 semanas após o início do quadro clínico e pode nunca se tornar positivo em até 20% dos pacientes com doença aguda que se resolve)

A identificação do ARN do VHC no sangue permite obter resultados mais sensíveis e específicos poucos dias após a exposição ao VHC - Métodos moleculares como a PCR

Profilaxia / Tratamento

Profilaxia

É possível efetuar um rastreio sanguíneo

Não existe nenhum agente imunizante ativo e passivo específico

Tratamento

É útil o tratamento prolongado com interferão alfa, isoladamente ou em combinação com agentes antivíricos (ribavirina)

HEPATITE D (AGENTE DELTA)

Vírus Delta identificado em 1977, Rizzetto e colegas em Itália

É um vírus ARN defeituoso que depende da função auxiliar do VHB para a sua replicação e expressão

Por conseguinte, não tem existência independente e só pode sobreviver e replicar-se enquanto a infeção pelo VHB persistir no hospedeiro

O seu revestimento exterior é composto pelo Ag de superfície da hepatite B que envolve o ARN circular de cadeia simples

É uma partícula esférica de 36 nm

Assemelha-se a alguns vírus de plantas, como os viroides

Pertence ao género - deltavírus

Modo de transmissão: igual ao do VHB

Tipos de infeção delta

Infeção simultânea por delta e hepatite B (co-infeção): o delta e o VHB são transmitidos ao mesmo tempo

Resulta numa hepatite clínica que não se distingue da hepatite aguda A ou B

A hepatite fulminante é muito mais comum

Sofrem de iterícia recorrente e têm uma elevada probabilidade de desenvolver cirrose crónica

Delta super infection (super infeção)

A infeção Delta ocorre numa pessoa portadora do VHB

Conduz a uma doença mais grave e crónica com deterioração da infeção subjacente pelo VHB

Diagnóstico laboratorial

Imunofluorescência: antigénio delta expresso nos núcleos das células hepáticas (ocasionalmente presente no soro)

Os anticorpos anti-delta Ab aparecem no soro e podem ser identificados por ELISA A IgM aparece 2-3 semanas após a infeção e é rapidamente substituída pela IgG Ab na infeção aguda delta

Infeção crónica - o Ab IgM persiste durante anos

Foram clonadas sequências de ARN Delta - Sondas de ADN para identificação rápida de partículas Delta em circulação

Zona endémica: a infeção é transmitida por via não percutânea, ou seja, por contacto pessoal Zona não endémica: através do sangue e dos produtos sanguíneos, comum em toxicodependentes e hemofílicos
Não há profilaxia específica, mas a imunização com a vacina contra o VHB é eficaz, uma vez que o VHD não pode infetar pessoas imunes ao VHB

Rastreio de dadores de sangue para HBsAg limita o HDV

HEPATITE E

Hepatite NANB de transmissão entérica ou hepatite NANB epidémica

A maior parte da hepatite NANB é transmitida por via entérica através da poluição fecal da água potável (NANB transmitida por via entérica ou E-NANB)

Trata-se de um vírus esférico, não envelopado

Tem 32-34nm de diâmetro

O seu genoma é constituído por ARN de cadeia simples

A superfície do vírus apresenta picos

A fonte de infeção é a contaminação fecal da água potável e do ambiente

É um vírus esférico, não envelopado

Tem 32-34nm de diâmetro

O seu genoma é constituído por ARN de cadeia simples

A superfície do vírus apresenta picos

Mostra o efeito epidémico

A fonte de infeção é a contaminação fecal da água potável e do ambiente

O período de incubação varia de 2 a 9 semanas

A maioria dos casos ocorre em adultos jovens ou de meia-idade

Geralmente ligeira e auto-limitada, com uma baixa taxa de mortalidade de cerca de 1%

Mulheres grávidas: a única caraterística é a gravidade clínica e a elevada taxa de mortalidade (20-40%)

HEV demonstrado pelo IEM na bílis e nas fezes (período de incubação ou fase aguda)

Sem estado de portador

Estão disponíveis kits ELISA para IgG e IgM Ab

Vírus da hepatite G

O ARN do HGV foi encontrado em doentes com hepatite aguda, crónica e fulminante, hemofílicos, doentes com transfusões múltiplas e hemodiálise, toxicodependentes de drogas intravenosas e dadores de sangue

Vírus transmitido pelo sangue semelhante ao VHC

Família - Flavivírus

A maioria dos doentes infectados pela hepatite C também está infetada pela hepatite G

CAPÍTULO 12.0: RHABDO VÍRUS

RAIVA

MORFOLOGIA

É um vírus envelopado em forma de bala. Tem um genoma de ARN de sentido negativo de cadeia simples. Pertence à família - rhabdoviridae, que contém vírus que infectam mamíferos e aves. Pertence a dois géneros: o vesiculovírus, por exemplo, o vírus da estomatite, e o Iyssavirus, por exemplo, o vírus da raiva
O vírus da raiva tem a forma de uma bala, com 180 × 75 nm de dimensão. Tem um invólucro lipoprotéico com espículas em forma de botão, composto pela glicoproteína G. Por baixo do invólucro encontra-se a membrana ou camada de proteína da matriz (M) que pode ser invaginada na extremidade plana. O núcleo do virião é constituído por ribonucleoproteínas dispostas helicoidalmente. Possui uma RNA polimerase dependente de RNA para a replicação.

A raiva é uma doença viral aguda que causa encefalomielite fatal em praticamente todos os animais de sangue quente, incluindo o homem. O vírus encontra-se em animais selvagens e selvagens domésticos e é transmitido a outros animais e ao homem através da sua saliva (ou seja, mordeduras, arranhões, lambidelas em pele quebrada e membrana mucosa).
Nas zonas urbanas, a doença é transmitida principalmente por cães, sendo responsável por cerca de 96% dos casos de mordedura de animais. Os seguintes animais são as principais fontes de infeção por raiva em humanos: gatos, vacas, cães, furões, cabras, cavalos, coelhos, morcegos, castores, coiotes, raposas, macacos, guaxinins, gambás e marmotas. Transmissão de pessoa para pessoa:
O risco de transmissão da Raiva a outros seres humanos a partir de um caso de Raiva humana é muito mínimo e nunca houve um caso bem documentado de transmissão entre seres humanos, além dos poucos casos resultantes de transplante de órgãos. No entanto, as pessoas que foram expostas de perto às secreções de um paciente com raiva podem receber PEP como medida de precaução.

Resistência

- O vírus é sensível ao etanol, iodo, detergentes e solventes lipídicos, como o clorofórmio.

- É inactivado por fenol, irradiação UV e luz solar.
- Sobrevive a 4^0 C durante semanas.
- Pode ser conservado a -70^0 C ou por liofilização.

Propriedades antigénicas

Glicoprotieno

- Os picos de superfície são compostos por glicoproteínas, importantes na patogénese, virulência e imunidade.
- É o mediador da ligação do vírus à acetilcolina do tecido neural
- Estimula os CTL e induz anticorpos protectores.
- É utilizado para a preparação de vacinas.

Nucleoprotien

- Trata-se de uma proteína do nucleocapsídeo.
- Induz anticorpos fixadores do complemento, mas estes anticorpos não são protectores.
- O antissoro preparado contra o antigénio do nucleocapsídeo é utilizado em testes de imunofluorescência.

Outros antigénios: são os glicolípidos e a RNA polimerase dependente de RNA.

Gama de hospedeiros e cultivo

ANIMAIS

Todos os mamíferos são susceptíveis, embora existam diferenças de suscetibilidade entre as espécies.

O gado, os gatos e as raposas são muito susceptíveis, enquanto as doninhas e as aves são menos susceptíveis.

Os humanos e os cães são intermédios. Os cachorros são mais susceptíveis do que os cães adultos.

VÍRUS DE RUA: O vírus isolado naturalmente é designado por vírus de rua.

VÍRUS FIXO: Após várias passagens intracerebrais em série em coelhos, o vírus sofre determinadas alterações e torna-se fixo.

A raiva é uma doença transmitida aos seres humanos e aos animais pela mordedura de cães raivosos.

A doença no ser humano chama-se hidrofobia.

EMBRIÕES DE GALINHA: O vírus pode ser cultivado no saco vitelino de embriões de galinha.

CULTURA DE TECIDOS: São utilizadas várias culturas celulares primárias e contínuas, tais como fibroblastos de embrião de galinha e de suíno.

Sintomas

O tempo efetivo entre a infeção e o momento em que se fica doente varia entre 10 dias e 7 anos. Este é o chamado período de incubação. O período médio é de 3 a 12 semanas. Os sintomas podem surgir logo na primeira semana após a infeção.
Os primeiros sintomas da raiva são muito generalizados e incluem fraqueza, febre e dores de cabeça. Sem um historial de uma potencial exposição a um animal raivoso, estes sintomas não levantariam a suspeita de raiva, uma vez que são muito semelhantes à gripe comum ou a outros síndromes virais. A doença pode então assumir duas formas:

1. **Raiva paralítica:** Com a raiva paralítica (aproximadamente 20% dos casos), os músculos do paciente ficam lentamente paralisados (geralmente começando no local da mordida), é a forma menos comum e termina em coma e morte.
2. **Raiva furiosa:** Na raiva furiosa (cerca de 80% dos casos), o doente apresenta os sintomas clássicos da raiva, como ansiedade e confusão (o doente é frequentemente demasiado ativo); encefalite, causando alucinações, confusão e coma; hipersalivação; hidrofobia (medo e evitamento da água); dificuldade em engolir.

Quando surgem os sinais clínicos da raiva, a doença é quase sempre fatal.

Diagnóstico laboratorial

ESPÉCIME: Os espécimes testados são esfregaços de córnea e biópsia de pele ou saliva antimortem e cérebro postmortem.

MICROSCOPIA DIRECTA:

1. **Antemortem** - A imunofluorescência direta é efectuada utilizando anticorpos monoclonais.
2. **Postmortem** - Demonstração dos corpos de Negri.

ISOLAMENTO:

1. **Inoculação em animais:** O isolamento do vírus por inoculação intracerebral em ratinhos pode ser tentado a partir do cérebro, do LCR, da saliva e da urina.

2. **Cultura de tecidos:** Um método mais sensível para o isolamento do vírus em linhas celulares (WI 38, BHK, CER). O efeito citopatogénico é mínimo, pelo que o isolamento do vírus é identificado por imunofluorescência. Demonstração de anticorpos pela técnica ELISA.

3. **Método molecular:** A deteção do ARN do vírus da raiva por PCR de transcrição reversa é um método sensível. Demonstração da raiva em animais e corpos de Negri.

Demonstração do antigénio do vírus da raiva por imunofluorescência.

TRATAMENTO

É feito através de tratamento local e vacinas anti-rábicas.

1. IMUNIZAÇÃO PASSIVA:

As vacinas são também utilizadas para a proteção dos animais

Imunoglobulinas contra a raiva (RIG)

O soro antirrábico/imunoglobulina anti-rábica proporciona imunidade passiva sob a forma de anticorpos anti-rábicos prontos a utilizar para ultrapassar a fase inicial da infeção. O soro antirrábico ou RIG tem a propriedade de se ligar ao vírus da raiva, resultando assim na perda de infecciosidade do vírus.

Estão disponíveis dois tipos de RIGs:

Imunoglobulinas da Raiva Equina (ERIG):

Os ERIGs são de origem heteróloga criados por hiper-imunização de cavalos. No entanto, as ERIG atualmente fabricadas são altamente purificadas e a ocorrência de acontecimentos adversos foi significativamente reduzida. Ainda assim, estas devem ser administradas após um teste de sensibilidade.

Imunoglobulinas humanas contra a raiva (HRIG):

Os HRIG estão isentos dos efeitos secundários encontrados num soro de origem heteróloga e, devido à sua semi-vida mais longa, são administrados em metade da dose do soro antirrábico equino. Os soros anti-rábicos devem ser sempre levados à temperatura ambiente (20 - 25^0 C) antes de serem utilizados.

Dose de imunoglobulinas anti-rábicas:

A dose de imunoglobulinas anti-rábicas equinas é de 40 UI por kg de peso corporal do doente e é administrada após testes de sensibilidade, até um máximo de 3000 UI. A ERIG produzida na Índia contém 300 UI por ml. A dose de imunoglobulinas da raiva humana (HRIG) é de 20 UI por kg de peso corporal (máximo de 1500 UI). As HRIG não requerem qualquer teste de sensibilidade prévio. A preparação HRIG está disponível numa concentração de 150 UI por ml.

Administração de imunoglobulinas:

A dose calculada de RIG deve ser infiltrada nas feridas e à volta das mesmas, tanto quanto for anatomicamente possível.

2. Vacinas anti-rábicas

A imunização ativa é conseguida através da administração de CCVs (Cell CultureV accines) seguros e potentes.

Indicações: Todos os grupos etários de vítimas de mordeduras de animais das categorias II e III requerem o mesmo número de injecções e a mesma dose por injeção. As exposições de categoria III requerem, além disso, a administração de imunoglobulinas anti-rábicas, tal como referido anteriormente.

Armazenamento e transporte: Embora a maioria das vacinas de cultura celular seja comercializada na forma liofilizada, que é mais tolerante aos caprichos da temperatura, recomenda-se que estas vacinas sejam mantidas e transportadas a uma temperatura entre 2 e 8oC. O congelamento não danifica a vacina liofilizada, mas existe a possibilidade de quebra da ampola que contém o diluente. As vacinas líquidas nunca devem ser congeladas.

Reconstituição e conservação: A vacina liofilizada deve ser reconstituída com o diluente fornecido com a vacina imediatamente antes da utilização. No entanto, em caso de atraso imprevisto, não deve ser utilizada após 6-8 horas de reconstituição.

Efeitos adversos das vacinas de cultura celular: As vacinas de cultura celular são amplamente aceites como as vacinas anti-rábicas menos reactivas atualmente disponíveis. No entanto, alguns estudos demonstraram que os efeitos adversos podem ser de natureza geral ou de origem alérgica. As reacções adversas gerais incluem dor no braço, dor de cabeça, mal-estar, náuseas, febre e edema localizado no local da injeção. Pode ser necessário um tratamento sintomático.

Epidemiologia

1. A raiva humana é um beco sem saída.
   A maioria dos casos de raiva humana segue-se a mordeduras de cães, mas em zonas endémicas quase todos os animais podem transmitir a raiva
2. O tratamento é recomendado se um profissional de saúde pensar que alguém foi exposto a um animal potencialmente raivoso.
3. Se o animal for um animal de estimação ou de quinta que não apresente sintomas, pode ser isolado e observado durante 10 dias. Os animais selvagens que podem ser capturados podem ser mortos e testados para o vírus. Se o animal não puder ser encontrado, é melhor consultar o departamento de saúde local.
4. A via geral para determinar a profilaxia pós-exposição (tratamento de proteção) para a raiva requer as seguintes informações:
5. Qualquer penetração na pele é considerada uma mordedura; embora as mordeduras no rosto e nas mãos apresentem o risco mais elevado, todas as mordeduras devem

ser consideradas para efeitos de profilaxia.

6. Incidente sem mordedura, como o contacto da saliva com uma ferida aberta ou uma membrana mucosa?
7. Factores de risco animal: Não foram registados nos EUA casos de infeção por raiva em cães ou gatos domésticos totalmente vacinados.
8. Morcegos: Qualquer contacto com um morcego que conduza a um potencial arranhão, mordedura ou exposição das mucosas à saliva deve ser avaliado. Se for detectada uma exposição prolongada a um morcego (dormir num quarto onde foi encontrado um morcego), deve ser considerada a profilaxia pós-exposição.
9. Uma vez que a raiva é uma doença fatal, é muitas vezes preferível iniciar a série de vacinas até se dispor de mais informações.
10. É administrada uma série de injecções. A primeira é uma imunoglobulina contra a raiva que ajuda a evitar que o vírus infecte o indivíduo. Parte desta imunização é administrada perto da mordedura do animal.
11. Seguem-se quatro injecções durante as duas semanas seguintes. Estas são vacinas contra a raiva para ajudar o organismo a combater o vírus.

CAPÍTULO 13.0: VÍRUS LENTOS E ONCOGÉNICOS: SCRAPIE, KURU E TUMORES DE VÍRUS ANIMAIS

ONCOVÍRUS

Um oncovírus é um vírus que pode causar cancro. Este termo teve origem em estudos de retrovírus de transformação aguda nos anos 50-60, frequentemente designados por oncornavírus para denotar a sua origem em vírus ARN. Atualmente, refere-se a qualquer vírus com um genoma de ADN ou ARN que provoca cancro e é sinónimo de "vírus tumoral" ou "vírus do cancro"

Classificação

1. Vírus oncogénicos de ADN
2. Vírus oncogénicos de ARN

Oncogénese = processo de iniciação de tumores (cancro) num organismo *(onkos* = massa; *génese* = nascimento)

Tumor = tecido composto por células que se desviam do programa normal de divisão e diferenciação celular.

Tumor benigno = as células tumorais permanecem juntas numa única massa e não invadem nem rompem os tecidos circundantes

Tumor maligno = as células tumorais invadem e perturbam os tecidos circundantes (diagnosticado como cancro, e essas células podem transformar outras células no estado canceroso).

Metástases = disseminação de células tumorais malignas por todo o corpo (normalmente através do sangue e do sistema linfático)

Principais vírus oncogénicos humanos

1. **Vírus de ADN:** não transportam oncogenes, mas induzem o cancro através da atividade dos produtos genéticos virais na célula (sem transformação propriamente dita). Pequenos vírus tumorais de ADN - Adenovírus - SV40 - Vírus do papiloma humano (HPV)

   Herpesvírus (grandes) - Vírus de Epstein Barr (EBV) - Herpesvírus do Sarcoma de

Kaposi (KSHV)

Outros - Vírus da hepatite B

Vírus ARN Vírus da leucemia das células T humanas 1 (HTLVl) Vírus da hepatite C

2. **Retrovírus oncogénicos:** Vírus tumorais de ARN = possuem oncogenes virais (derivados de proto-oncogenes celulares) capazes de transformar as células num estado canceroso. Mais de 40 retrovírus altamente oncogénicos diferentes foram isolados de uma variedade de animais, incluindo galinhas, perus, ratos, ratazanas, gatos e macacos. Todos estes vírus, tal como o RSV, contêm pelo menos um oncogene. Em alguns casos, diferentes vírus contêm os mesmos oncogenes, mas foram identificados mais de duas dúzias de oncogenes distintos neste grupo de vírus.

Vírus de RNA tumoral Retrovírus conhecidos por causarem cancro humano. Alguns exemplos são: Human T cell Iymphotropic virus -1 (HTLV-I): Leucemia de células T do adulto, leucemia de células T de Sezary África, Caraíbas, algumas ilhas japonesas e vírus linfotrópico de células T humanas - 2 (HTLV-2): Leucemia de células pilosas.

Ciclo de vida de um retrovírus

Caracterizado pela primeira vez em 1910 por F. Peyton Rous a partir de um tumor de galinha, mais tarde designado por vírus do sarcoma de Rous.

O genoma de ssRNA é libertado da partícula do vírus e é transcrito reversamente para dsDNA (ADN proviral).

A transcriptase reversa ocorre na partícula do vírus e carece de atividade de exonuclease 3' a 5' (sem revisão ⇒ muitas mutações).

As sequências de repetição terminal longa (LTR) em cada extremidade do genoma contêm sinais reguladores da transcrição para os genes virais e são ligadas para produzir dsDNA circular.

O ADN do pró-viral e o ADN do cromossoma do hospedeiro cruzam-se e unem-se por recombinação. A RNA polimerase do hospedeiro transcreve o DNA proviral e produz mRNAs virais necessários para o ciclo de vida do vírus.

Vírus causadores de malignidades humanas

Vírus da hepatite B e C: Cancro hepatocelular.

Vírus EB: Nasofaríngeo, linfoma de Burkitt

O EBV é o vírus herpes que está mais fortemente associado ao cancro. Infecta principalmente linfócitos e células epiteliais. Nos linfócitos, a infeção é geralmente não produtiva, enquanto o vírus é libertado (infeção produtiva) das células epiteliais infectadas. Linfoma de Burkitts nos trópicos, onde é mais comum em regiões onde a malária é endémica. Cancro da nasofaringe, sobretudo na China e no Sudeste Asiático, onde certos regimes alimentares podem atuar como co-carcinogéneos.mLinfomas de células B em indivíduos imunodeprimidos (como nos transplantes de órgãos ou no VIH). Linfoma de Hodgkins, no qual foi detectado numa elevada percentagem de casos (cerca de 40% dos doentes afectados). Doença linfoproliferativa ligada ao X (síndroma de Duncans). O EBV também causa a mononucleose infecciosa, também conhecida como febre glandular.
Trata-se de uma infeção auto-resolvente dos linfócitos B que proliferam de forma benigna. Muitas vezes, a infeção passa despercebida (é subclínica) e cerca de metade da população dos países ocidentais já está infetada quando atinge os 20 anos de idade. Sarcoma de Kaposi Vírus do herpes - HHV-8 Sarcoma de Kaposi.
Vírus do Herpes Humano 8 (HHV-8, Vírus do Herpes do Sarcoma de Kaposis): O HHV-8 infecta linfócitos e células epiteliais/endoteliais e é o agente causador do sarcoma de Kaposis. Também tem sido associado a malignidades hematológicas, incluindo linfoma de efusão primária, doença de Castlemans multicêntrica (também Castelmans) (MCD).
Herpesvírus associado ao sarcoma de Kaposis* O herpesvírus associado ao sarcoma de Kaposis (KSHV ou HHV-8) está associado ao sarcoma de Kaposi, um tipo de cancro da pele. O vírus de Epstein-Barr (EBV ou HHV-4) está associado a quatro tipos de cancro O poliomavírus das células de Merkel - um vírus do polioma - está associado ao desenvolvimento do cancro das células de Merkel.
O vírus da hepatite B é muito diferente dos outros vírus tumorais de ADN. De facto, apesar de ser um vírus de ADN, é muito mais semelhante aos oncornavírus (vírus tumorais de ARN) no seu modo de replicação. O ADN é transcrito em ARN não só para o fabrico de proteínas virais, mas também para a replicação do genoma. O ARN genómico é transcrito de volta para o ADN genómico. A isto chama-se transcrição inversa. Esta última não é típica da maioria dos vírus tumorais de ADN, mas a transcrição reversa é um fator muito importante nos ciclos de vida dos vírus tumorais de ARN.
O carcinoma hepatocelular (CHC, também designado por hepatoma maligno) é um tumor maligno primário (cancro) do fígado. A maioria dos casos de CHC é secundária a uma

infeção viral da hepatite (hepatite B ou C) ou a uma cirrose (sendo o alcoolismo a causa mais comum de cirrose hepática). Nos países onde a hepatite não é endémica, a maioria dos cancros malignos do fígado não são **CHC** primários, mas sim metástases (disseminação) de cancro de outras partes do corpo, por exemplo, do cólon.

Cancros associados a vírus em animais

Verificou-se que um certo número de cancros em espécies animais está associado a vírus. Os surtos de algumas destas doenças podem ter consequências económicas graves na agricultura. Damos aqui alguns exemplos de cancros animais associados a retrovírus e a um herpesvírus. No início do século XX, foi demonstrado que os agentes filtrantes causam uma leucose (um zilinfoma de células B) e um sarcoma em galinhas.

Posteriormente, verificou-se que estes agentes eram retrovírus e o vírus causador do sarcoma foi designado por vírus do sarcoma de Rous, em homenagem ao seu descobridor, Peyton Rous. Outros retrovírus foram posteriormente considerados agentes causadores de leucemia em gatos e bovinos, e um retrovírus conhecido como retrovírus de ovelha Jaagsiekte foi considerado responsável pelo adenocarcinoma do pulmão em ovelhas. A doença de Marek nas galinhas é um linfoma, semelhante ao causado pelos retrovírus, mas o agente causador é um herpesvírus e os linfócitos transformados contêm múltiplas cópias do genoma viral.

CAPÍTULO 14.0: ARBO-VÍRUS: ENCEFALITE, FEBRE AMARELA, DENGUE

ARBOVIRUSES

Existem cerca de 500 vírus diferentes em todo o mundo que são transmitidos entre os animais através da picada de insectos ou carraças. Estes vírus são designados coletivamente por "arbovírus", "arbo" de "arthropod- borne" (transmitido por artrópodes). "Arbovírus" não é uma classificação taxonómica; estes vírus transmitidos por artrópodes pertencem a várias famílias na taxonomia dos vírus. No Canadá, - 19 arbovírus foram encontrados em hospedeiros artrópodes ou vertebrados. Seis destes são transmitidos por carraças, - 11 por mosquitos e 2 por mosquitos. Os arbovírus foram, durante algum tempo, designados de acordo com a doença a que estão associados, como febre-amarela, chikungunya, ou com o nome do local de isolamento do vírus.

Do ponto de vista toxicológico, os arbovírus pertencem a 5 famílias:

1. *Togaviridae*
2. *Flaviviridae*
3. *Bunyaviridae*
4. *Reoviridae*
5. *Rhabdoviridae*

Estrutura antigénica

1. Três antigénios são importantes em estudos serológicos, nomeadamente:

i. hemaglutininas,

ii. fixação de complementos

iii. antigénios neutralizantes.

2. Ocorrem reacções cruzadas antigénicas consideráveis entre os arbovírus.

PATOGENESE

- O vírus entra no organismo através da picada do inseto vetor.

- Multiplica-se no sistema reticuloendotelial e conduz à viremia.
- Em alguns casos,

O vírus é transportado para os órgãos-alvo,

-como o sistema nervoso central (SNC) na encefalite.

- O endotélio capilar nas febres hemorrágicas e o fígado na febre amarela.

Laboratório. Diagnóstico de arbovírus

1. Serologia: geralmente utilizada para fazer o diagnóstico de infecções por arbovírus.

2. Cultura: podem ser utilizadas várias linhas celulares,

- incluindo a linha celular do mosquito.

- No entanto, raramente é efectuada, uma vez que muitos dos agentes patogénicos são do grupo 3 ou 4.

3. Testes de deteção direta: por exemplo, a deteção de antigénio e de ácidos nucleicos está disponível, mas também há questões de segurança

FAMÍLIAS DE ARBOVÍRUS

Existem cinco tipos de famílias

1. Togaviridae
2. Flaviviridae
3. Bonyaviridae
4. Reoviridae
5. Rhabdoviridae

FLAVIRIDAE

- Originalmente, foram designados como arbovírus do grupo B.

- O nome genérico de Aavivirus foi agora atribuído aos membros da família

flaviviridae.

- *Os vírus não transmitidos por artrópodes desta família pertencem a dois géneros: pestivírus e vírus da hepatite C.*

Morfologia dos Ilaviviridae

- Os vírus da família flaviviridae esféricos

  40-50nm de diâmetro.

- Contêm ARN de sentido positivo de cadeia simples.

  O núcleo interno do vírus é rodeado por um envelope lipídico que é coberto por peplómeros de glicoproteínas e proteínas de matriz ou de membrana.

  Principais Aavivírus de importância médica

virus	Antigenic clinical syndrome	vector	host	distribution
Dengue(DEN)	Febrile illness, rash,hemorrhagic fever,shock syndrome	mosquito	humans	Tropics,worldwild
Yellow fever	Hemorrhagic fever, hepatitis	mosquito	Primates,humans	Africa,South America

St. Louis encephalitis	Encephalitis	mosquito	birds	Americas
Japanese encephalitis	Encephalitis	mosquito	Pigs & birds	India, China,Japan
West nile	Febrile illness	mosquito	birds	Africa, Middle East, Europe
Tick –borne encephalitis	Encephalitis	tick	rodent	Europa,Asia
Omsk hemorrhagic fever	Hemorrhagic fever	tick	muskrats	Siberia
Kyasanur forest disease	Hemorrhagic fever	tick	rodents	India primates

VÍRUS DA ENCEFALITE

Cinco membros deste grupo causam encefalite que se limita a uma determinada zona geográfica. Estes incluem:

1. *Encefalite de St. Louis* VzrwsfAmérica do Norte e Central)

2. *Vírus de Ilhéus* (América do Sul e Central)

3. *Vírus do Nilo Ocidental (*província do Nilo *Ocidental* do Uganda)

4. *Encefalite de Murray Valley* VzrwsfAustrália)

5. *Vírus da encefalite B japonesa (Nsia)*

FEBRE AMARELA

- Flavivírus, presente principalmente na África Ocidental e na América do Sul.
- A febre-amarela apresenta-se sob duas formas principais: febre-amarela urbana e febre-amarela da selva. A febre amarela da selva é o reservatório natural da doença num ciclo que envolve primatas não humanos e mosquitos da floresta.
- As formas urbanas são transmitidas entre humanos pelo mosquito Aedes aegypti.
- Classicamente, a febre amarela apresenta-se com arrepios. Febre e dor de cabeça.
- Após um período de 3 a 4 dias, os doentes mais graves com um quadro clássico de FA desenvolvem bradicardia (sinal de Faget' s), iterícia e manifestações hemorrágicas.
- O diagnóstico é geralmente efectuado por serologia.
- Não existe um tratamento antiviral específico.
- Existe uma vacina viva atenuada eficaz contra a febre-amarela, que é utilizada em pessoas que vivem ou viajam para zonas endémicas.

FEBRE DENGUE

- A dengue é o maior problema de arbovírus no mundo atual, com mais de 2 milhões de casos por ano.
- A dengue encontra-se na Ásia, em África, nas Caraíbas e na América do Sul.
- Flavivírus, 4 serotipos, transmitidos por mosquitos Aedes que residem em recipientes cheios de água.
- A infeção humana resulta de um ciclo humano-mosquito-humano.
- Classicamente, a dengue apresenta-se com febre alta, linfadenopatia, mialgia,

dores ósseas e articulares, cefaleias e uma erupção maculopapular.

- O diagnóstico é efectuado por serologia.
- Não está disponível qualquer terapia antiviral específica
- A prevenção da dengue nas zonas endémicas depende da erradicação dos mosquitos. A população deve retirar das suas instalações todos os recipientes que possam servir de receptáculos para a deposição de ovos.
- Uma vacina viva atenuada está a ser experimentada na Tailândia com resultados encorajadores.

CAPÍTULO 15.0: VÍRUS DIVERSOS

RUBELLA (sarampo alemão)

A propriedade teratogénica da infeção foi documentada por um oftalmologista australiano Norman McAlister Gregg, em 1941 O vírus foi isolado em 1962 Foi desenvolvida uma vacina atenuada em 1967. [th]A rubéola, também conhecida como sarampo alemão, foi descrita pela primeira vez por dois médicos alemães em meados do século XVIII. Inicialmente, pensava-se que a doença era geralmente ligeira, que ocorria sobretudo na infância e que tinha poucas complicações.

Os sintomas começam 14 a 21 dias após a infeção e incluem uma febre ligeira, cansaço e gânglios linfáticos inchados atrás das orelhas e na parte de trás da cabeça, seguidos de uma erupção cutânea generalizada. A erupção cutânea consiste em pequenas manchas vermelhas que aparecem no rosto e depois se deslocam para baixo, da cabeça aos pés, e dura cerca de três dias. Nem todas as pessoas têm erupção cutânea.

Podem ocorrer complicações da rubéola. Algumas pessoas têm dores nas articulações, o que é mais frequente em adolescentes e mulheres adultas. Outras complicações pouco frequentes da doença incluem: inflamação do cérebro (encefalite) ou problemas de coagulação do sangue (trombocitopenia). A infeção por rubéola durante o início da gravidez pode causar aborto espontâneo, nado-morto ou defeitos congénitos graves (como surdez, problemas oculares, defeitos cardíacos ou lesões no fígado, baço e cérebro).

Chama-se Síndrome da Rubéola Congénita (SRC) e ocorre em um em cada quatro bebés nascidos de mulheres que tiveram infecções por rubéola nos primeiros três meses de gravidez. O nome deriva do latim, que significa pequeno vermelho.

É também designado por sarampo de três dias/sarampo alemão. O sinónimo "sarampo de 3 dias" deriva da evolução típica do exantema da rubéola, que começa inicialmente na face e no pescoço e se espalha centrifugamente para o tronco e as extremidades no espaço de 24 horas.

Depois começa a desvanecer-se no rosto no segundo dia e desaparece em todo o corpo no final do terceiro dia. A rubéola é também conhecida como sarampo alemão porque a doença foi descrita pela primeira vez por um médico alemão, Friedrich Hoffmann, em meados do século XVIII.

Trata-se de uma doença geralmente ligeira causada pelo vírus da rubéola. A síndrome da rubéola congénita (SRC) foi descrita por Gregg em 1941. Devido à vacinação de rotina contra a rubéola desde 1970, a rubéola é agora raramente registada.

Morfologia

O vírus da rubéola é um vírus ssRNA da família Togaviridae e do género Rubivirus. Um tipo antigénico. Esférico envelopado com um diâmetro de 50 a 70 nm.

O vírus transporta hemaglutinina e multiplica-se no citoplasma da célula infetada. O vírus é altamente sensível ao calor, aos extremos de pH e à luz UV. A 4° C, o vírus é relativamente estável durante 24 horas e os genótipos predominantes são o 7.

Origem da infeção

(i) Casos subclínicos ou clínicos.

(ii) Congénita, da mulher grávida infetada para o feto.

(iii) Não existe um estado de portador conhecido.

Período de comunicabilidade

(i) Provavelmente estende-se desde uma semana antes dos sintomas até cerca de uma semana após o aparecimento da erupção cutânea.

(ii) A infecciosidade é maior quando a erupção cutânea está em erupção.

Patogénese

A infeção é adquirida através da inalação de aerossóis. O vírus infecta as células do trato respiratório superior, após o que a entrada nas células ocorre por endocitose mediada por receptores. A virémia ocorre durante 5-7 dias após a exposição, com disseminação para os tecidos.

A rubéola propaga-se e replica-se no tecido linfoide da nasofaringe e do trato respiratório superior, após o que uma viremia leva a uma infeção sistémica, envolvendo muitos órgãos, incluindo a placenta. As pessoas infectadas excretam elevadas concentrações de rubéola na secreção nasofaríngea.

O vírus da rubéola pode continuar a ser excretado durante 1-2 semanas, por vezes até mais, e pode também ser recuperado da nasofaringe durante a semana que precede o aparecimento da erupção cutânea.

Complicações

A rubéola adquirida no período pós-natal raramente está associada a complicações, com exceção dos sintomas articulares. A artralgia ou uma artrite franca, embora pouco frequente nos rapazes e nas raparigas pré-púberes, ocorre em até 60% das mulheres pós-púberes.

Os sintomas persistem geralmente durante 3-4 dias, embora ocasionalmente durem 1 mês ou mesmo mais, por vezes com um curso flutuante. Uma vez que o vírus da rubéola pode ser detectado no líquido sinovial e na sinóvia na artrite relacionada com a infeção adquirida naturalmente e com a vacinação, e uma vez que os sintomas aparecem à medida que a erupção cutânea desaparece e os anticorpos humorais se desenvolvem, os complexos imunes podem estar envolvidos na patogénese.

Os acontecimentos clínicos que ocorrem na idade neonatal são mais importantes e dividem-se em dois grandes grupos

1. Rubéola congénita

2. Rubéola pós-natal

Síndrome da rubéola congénita

É muito provável que a infeção primária da mãe por rubéola nas primeiras 12 semanas de gravidez infecte o feto, com um risco elevado (80%) de anomalias congénitas.

Tal como noutras infecções congénitas, o bebé ao nascer pode ter um peso baixo e apresentar uma erupção cutânea trombocitopénica e hepatomegalia com iterícia. As caraterísticas específicas da síndrome da rubéola congénita são: cataratas, microftalmia, defeitos cardíacos, surdez neurossensorial e atraso mental.

A infeção entre as 13th e as 17 semanas de gravidez pode resultar em surdez isolada, mas a infeção após a 17ª semana deixa de ser perigosa.

Rubéola pós-natal

Ocorre em neonatos e na infância. No adulto, a infeção ocorre através da mucosa do trato respiratório superior e dissemina-se para os gânglios linfáticos cervicais.

A virémia desenvolve-se após 7-9 dias. Dura 13 a 15 dias. Leva ao desenvolvimento de anticorpos. O aparecimento de anticorpos coincide com o aparecimento de uma base imulogénica sugestiva para a erupção cutânea. Em 20 - 50 % dos casos de infecções primárias são subclínicas.

PREVENÇÃO:

A vacina contra a rubéola é uma estirpe viva atenuada denominada RA27/3. Em alguns países, é administrada como vacina combinada MMR (sarampo, papeira e rubéola - todas vivas e atenuadas) a todas as crianças aos 15 meses de idade, com uma segunda dose à entrada na escola. Alguns países experimentaram uma política de vacina contra a rubéola administrada apenas a raparigas na idade de entrada no ensino secundário (+/-13 anos), especificamente para tentar prevenir a rubéola congénita. Na prática, é necessária uma boa imunidade de grupo, tanto dos rapazes como das raparigas, para evitar a circulação do vírus e proteger as mulheres grávidas vulneráveis.

As mulheres devem ser rastreadas quanto à imunidade à rubéola (indicada por anticorpos IgG) antes da gravidez, para que possam ser vacinadas, se necessário. (Note-se que as vacinas de vírus vivos não devem ser administradas durante a gravidez, mas a vacinação inadvertida contra a rubéola durante a gravidez não é motivo para interrupção da gravidez, uma vez que não se registaram casos de anomalias congénitas associadas à vacina). Muitas vezes, as mulheres só são rastreadas durante a primeira gravidez, mas podem, pelo menos, ser vacinadas antes da gravidez seguinte se não forem imunes.

Epimediologia

Ocorre em todo o mundo e o vírus tende a atingir o seu pico em países com climas temperados. É comum em crianças com idades compreendidas entre os 5 e os 10 anos.

O ser humano é o único reservatório conhecido. A fonte de infeção é a secreção respiratória. Os bebés com SRC podem libertar o vírus durante um ano ou mais. A imunidade é vitalícia. Ocorre durante todo o ano, com um pico no final do inverno e na primavera.

A transmissão faz-se por gotículas e por transmissão vertical. P.I. - 2-3 semanas, em média 18 dias. A rubéola tem uma distribuição mundial. As epidemias ocorrem a cada 4-9 anos.

Diagnóstico da rubéola em adultos: o diagnóstico clínico não é fiável, uma vez que muitas infecções virais imitam a rubéola. Diagnóstico específico de infeção por

1. Isolamento e identificação do vírus

   A amostra colhida é a zaragatoa nasofaríngea ou da garganta, que é colhida 6 dias antes ou depois do aparecimento da erupção cutânea, é uma boa fonte do vírus da rubéola. O vírus pode ser cultivado utilizando culturas celulares que são adoptadas para linhas celulares contínuas Células renais de coelho (RK 13) e células Vero. Os antigénios podem ser detectados por métodos imunoflurescentes.

2. Prova de seroconversão

   (i) O teste de inibição da hemaglutinação para a rubéola é de importância diagnóstica

   (ii) Os testes ELISA são de maior importância: Um aumento nos títulos de anticorpos deve ser demonstrada entre duas amostras de soro colhidas com pelo menos 10 dias de intervalo. Ou A deteção de IgM específica da rubéola deve ser detectada numa única amostra.

3. Diagnóstico de rubéola aguda na mãe: Um aumento de quatro vezes no título de IgG entre amostras de soro agudas e convalescentes que é obtido dentro de 7 a 10 dias após o início da erupção cutânea. Repetição 2 a 3 semanas mais tarde. Presença de IgM específica da rubéola. Pode obter-se uma cultura positiva para a rubéola se a amostra for isolada a partir de amostras nasais, sangue, garganta, urina ou líquido cefalorraquidiano. Geralmente isolada da faringe uma semana antes a duas semanas após a erupção cutânea.

4. Diagnóstico no bebé: Isolamento do vírus da rubéola a partir de secreções nasofaríngeas ou pode ser cultivado a partir de sangue, urina, LCR, tecido do cristalino, etc.

   Níveis seriados de IgG específica para a rubéola aos 3, 6 e 12 meses: anticorpos IgG específicos para a rubéola que persistem numa concentração mais elevada ou durante mais tempo do que o esperado devido à transferência passiva de anticorpos maternos. Presença de inibição da hemaglutinação específica da rubéola (HAI) após os nove meses de idade. Demonstração de anticorpos IgM específicos da rubéola. A demonstração de anticorpos IgM contra a rubéola num recém-nascido tem valor diagnóstico. Como o grupo IgM não atravessa a placenta, são produzidos no feto infetado. É mais útil em bebés com menos de 2 meses, mas pode persistir até aos 12 meses.

ARENAVÍRUS

Os arenavírus são vírus do ácido ribonucleico (ARN) de cadeia simples que causam infecções crónicas em roedores e doenças adquiridas zoonóticamente nos seres humanos através dos excrementos dos roedores, especialmente da urina. O género Arenavirus inclui 22 espécies virais e 9 arenavírus adicionais que foram recentemente descobertos, para os quais o estatuto taxonómico continua pendente.

Em 1934, o arenavírus prototípico, o vírus da coriomeningite linfocítica (LCM), foi isolado pela primeira vez durante a passagem em série em macacos de material humano obtido de uma infeção fatal na primeira epidemia documentada de encefalite de St. O vírus da LCM foi a primeira causa reconhecida de meningite asséptica em seres humanos.

Outros arenavírus da América do Sul e de África são causas clássicas da síndrome da febre hemorrágica viral, enquanto outros foram identificados mas não foram encontrados como causadores de doença ou mesmo de infeção nos seres humanos. A maioria destes vírus está a ser estudada continuamente.

Os arenavírus foram divididos em 2 grupos com base no facto de o vírus infetar roedores do Velho Mundo (ou seja, do Hemisfério Oriental) (família Muridae, subfamília Murinae) ou do Novo Mundo (ou seja, do Hemisfério Ocidental) (família Muridae, subfamília Sigmodontinae). Os arenavírus do Novo Mundo estão ainda divididos em 3 linhagens designadas por clados: A, B, C. O vírus LCM é o único arenavírus que existe em ambas as áreas, mas é classificado como um vírus do Velho Mundo.

CORONAVIRUS

SRA

Em 2002, surgiu no sul da China uma nova doença respiratória humana. No ano seguinte, um dos médicos que estava a tratar os doentes viajou para Hong Kong, onde adoeceu e morreu. Posteriormente, pessoas que tinham ficado no mesmo hotel que o médico viajaram para Singapura, Vietname, Canadá e EUA, levando consigo o agente infecioso. A epidemia da síndrome respiratória aguda grave (SRA) estava em curso. Os sinais e sintomas da SRA assemelham-se aos da gripe e incluem febre, dores musculares, dores de garganta, tosse e falta de ar. Cerca de 90 por cento dos doentes recuperaram, mas para os restantes a infeção revelou-se letal. Tratava-se sobretudo de indivíduos que tinham uma doença subjacente, como diabetes, doenças cardíacas ou um sistema imunitário enfraquecido.

À primeira vista, a SRA é uma doença do trato respiratório, mas em muitos doentes a infeção propagou-se a outras partes do corpo. Alguns doentes desenvolveram diarreia e o vírus foi libertado nas fezes e na urina durante várias semanas. Descobriu-se que o agente causador era um novo vírus corona. Não foi encontrado nenhum reservatório natural para o vírus corona SRA, mas vírus corona com sequências genómicas muito semelhantes foram isolados de animais vendidos em mercados na região da China onde apareceram os primeiros casos da SRA.

Foram encontrados anticorpos para estes vírus em muitos trabalhadores dos mercados, mas nenhum dos trabalhadores tinha qualquer historial da SRA. Um vírus semelhante foi também isolado de várias espécies de morcegos. É provável que os vírus corona tenham repetidamente cruzado para os humanos a partir de outras espécies de mamíferos, mas na maioria dos casos o vírus não tem a capacidade de transmissão eficiente entre humanos. Parece que o vírus corona da SRA evoluiu a partir de um vírus raro que tinha esta capacidade. O surto da SRA foi controlado por medidas de quarentena, mas só depois de se terem registado mais de 8000 casos e quase 800 mortes.

CHIKUNGUNYA

O termo "Chikungunya" refere-se frequentemente tanto ao vírus (CHIKV) como à doença ou febre (CHIKF) causada por este vírus. Deriva do dialeto africano Swahili ou Makonde e traduz-se por "estar curvado". No Congo, é designada por "buka-buka", que significa "quebrado-quebrado". Estes termos referem-se à "postura curvada" exibida pelos indivíduos com a doença em consequência de artralgias crónicas incapacitantes graves. As raízes desta doença viral remontam a 1953, quando foi descrita pela primeira vez durante um surto numa aldeia suaíli no distrito de Newala, na Tanzânia, em África. O vírus Chikungunya é transmitido aos seres humanos através de mosquitos que picam durante o dia e que pertencem ao género *Aedes*.

O vírus Chikungunya é um *género de Alphavirus* da família *Togaviridae*. O género *Alphavirus* inclui, além do vírus Chikungunya, o vírus O'nyong'nyong (ONNV) e o vírus Ross River (RRV). Trata-se de um vírus de ARN de cadeia simples com cerca de 11,8 kb de comprimento, com um capsídeo e um envelope fosfolipídico.

O vírus Chikungunya é transmitido aos seres humanos através de mosquitos que picam durante o dia e que pertencem ao género *Aedes*. Sendo um arbovírus, o vírus mantém-se no ambiente entre os seres humanos ou outros animais e os mosquitos. Os seres humanos são os principais reservatórios durante as epidemias.

Durante a quiescência inter-epidémica em África, pensa-se que o vírus é mantido num ciclo epizoótico que envolve vertebrados como macacos, roedores e aves. Em África, o vírus é mantido num ciclo silvático entre primatas selvagens, macacos e mosquitos *Aedes* selvagens *(Aedes furcifer, Aedes taylori, Aedes luteocephalus, Aedes africanus, Aedes neoafricanus).*

Ainda não foi identificado um ciclo silvático fora do continente africano. Na Ásia, o vírus é mantido num ciclo urbano que envolve os mosquitos *Aedes aegypti* e os seres humanos. O método de manutenção do vírus no ambiente durante os períodos inter-epidémicos quiescentes na Ásia permanece desconhecido.

Ao contrário do seu homólogo, o vírus da dengue, ainda não foi registada uma transmissão transovariana, o que apoia a teoria histórica de que o vírus teve origem em África e mais tarde se espalhou para outros países da Ásia. Historicamente, sabe-se que os surtos de Chikungunya demonstram uma tendência secular, cíclica e sazonal

1. Estrutura

O vírus Chikungunya é um vírus de ARN de cadeia positiva, pequeno (cerca de 60-70 nm de diâmetro), esférico, com invólucro. O virião é constituído por um envelope e um nucleocapsídeo.

Os viriões localizados na superfície da membrana celular entram nas células hospedeiras por fusão e endocitose do envelope viral. O desacobertamento dos viriões ocorre no citoplasma. O local de transcrição do ARNm situa-se no citoplasma da célula.

A replicação não se restringe a um tecido ou órgão específico do hospedeiro, pelo que a replicação do vírus ocorre em vários órgãos. O inseto hospedeiro inicia a replicação do vírus. A replicação do genoma é efectuada no citoplasma.

2. Modos de transmissão

O vírus Chikungunya é transmitido principalmente aos seres humanos através da picada de mosquitos infectados, predominantemente *Aedes aegypti* e *Aedes albopictus.* Os seres humanos são o principal hospedeiro do vírus Chikungunya durante os períodos epidémicos. A transmissão por via sanguínea é possível; foram documentados casos entre o pessoal de laboratório que manuseia sangue infetado e um profissional de saúde que retira sangue de um doente infetado. O risco de uma pessoa transmitir o vírus a um mosquito que pica ou através do sangue é mais elevado quando o doente está virémico durante a primeira semana de doença.

Transmissão

Através de picadas de mosquito

> O vírus Chikungunya é transmitido às pessoas através de picadas de mosquito. Os mosquitos ficam infectados quando se alimentam de uma pessoa já infetada com o vírus. Os mosquitos infectados podem então transmitir o vírus a outras pessoas através das picadas.
> O vírus Chikungunya é mais frequentemente transmitido às pessoas pelos mosquitos *Aedes aegypti* e *Aedes albopictus*. Estes são os mesmos mosquitos que transmitem o vírus da dengue. Picam durante o dia e durante a noite.

Os mosquitos *Aedes* transmitem o vírus Chikungunya às pessoas. Estes tipos de mosquitos encontram-se em grande parte do mundo.

Raramente, da mãe para o filho

O vírus Chikungunya é raramente transmitido da mãe para o recém-nascido na altura do nascimento. Até à data, não foi detectado nenhum bebé infetado com o vírus chikungunya através da amamentação. Devido aos benefícios da amamentação, as mães são encorajadas a amamentar mesmo em áreas onde o vírus chikungunya está a circular.

Raramente, através de sangue infetado

Em teoria, o vírus poderia ser transmitido através de uma transfusão de sangue. Até à data, não há relatos conhecidos de que tal tenha acontecido.

3. Sinais clínicos e sintomas

A maioria das pessoas infectadas com o vírus chikungunya torna-se sintomática. O período de incubação é tipicamente de 3-7 dias (intervalo, 1-12 dias). A doença é mais frequentemente caracterizada por um início agudo de febre (normalmente >39° C [102° F]) e poliartralgia. Os sintomas articulares são geralmente bilaterais e simétricos e podem ser graves e debilitantes.

Outros sintomas podem incluir cefaleias, mialgias, artrite, conjuntivite, náuseas/vómitos ou erupção cutânea maculopapular. Os resultados laboratoriais clínicos podem incluir linfopenia, trombocitopenia, creatinina elevada e transaminases hepáticas elevadas.

Os sintomas agudos desaparecem normalmente num prazo de 7 a 10 dias. As complicações raras incluem uveíte, retinite, miocardite, hepatite, nefrite, lesões cutâneas bolhosas, hemorragia, meningoencefalite, mielite, síndroma de Guillain-Barrd e paralisia dos nervos cranianos. As pessoas em risco de doença grave incluem os recém-nascidos expostos durante o parto, os adultos mais velhos (por exemplo, > 65 anos) e as pessoas com problemas de saúde subjacentes (por exemplo, hipertensão, diabetes ou doença cardiovascular).

Alguns doentes podem ter uma recaída dos sintomas reumatológicos (por exemplo, poliartralgia, poliartrite, tenossinovite) nos meses que se seguem à doença aguda. Os estudos relatam proporções variáveis de doentes com dores articulares persistentes durante meses a anos. A mortalidade é rara e ocorre maioritariamente em adultos mais velhos.

A doença de Chikungunya não resulta frequentemente em morte, mas os sintomas podem ser graves e incapacitantes. As pessoas em risco de contrair uma doença mais grave incluem os recém-nascidos infectados na altura do nascimento, os adultos mais velhos (≥65 anos) e as pessoas com problemas de saúde, como tensão arterial elevada, diabetes ou doenças cardíacas. Depois de uma pessoa ter sido infetada, é provável que esteja protegida de futuras infecções.

4. Diagnóstico e relatórios

A infeção pelo vírus Chikungunya deve ser considerada em doentes com início agudo de febre e poliartralgia, especialmente viajantes que regressaram recentemente de áreas com transmissão conhecida do vírus.

O diagnóstico diferencial da infeção pelo vírus Chikungunya varia consoante o local de residência, o historial de viagens e as exposições. Os vírus da dengue e da Chikungunya são transmitidos pelos mesmos mosquitos e têm caraterísticas clínicas semelhantes.

Os dois vírus podem circular na mesma área e podem causar infecções ocasionais no mesmo doente. A infeção pelo vírus Chikungunya tem maior probabilidade de causar febre alta, artralgia grave, artrite, erupção cutânea e linfopenia, enquanto a infeção pelo vírus da dengue tem maior probabilidade de causar neutropenia, trombocitopenia, hemorragia, choque e morte. É importante excluir a infeção pelo vírus da dengue porque o tratamento clínico adequado da dengue pode melhorar o resultado.

Para além da dengue, outras considerações incluem a leptospirose, malária, rickettsia, estreptococo do grupo A, rubéola, sarampo, parvovírus, enterovírus, adenovírus, outras infecções por alfavírus (por exemplo, vírus Mayaro, Ross River, Barmah Forest, O'nyong-nyong e Sindbis), artrite pós-infeção e doenças reumatológicas.

O diagnóstico preliminar baseia-se nas caraterísticas clínicas do doente, nos locais e datas de viagem e nas actividades. O diagnóstico laboratorial é geralmente efectuado através da análise do soro ou do plasma para detetar o vírus, o ácido nucleico viral ou a imunoglobulina M específica do vírus e os anticorpos neutralizantes.

A doença do vírus Chikungunya é uma doença de notificação obrigatória a nível nacional. Os prestadores de cuidados de saúde são encorajados a notificar casos suspeitos de Chikungunya ao seu departamento de saúde estatal ou local para facilitar o diagnóstico e mitigar o risco de transmissão local. Os sintomas do Chikungunya são semelhantes aos da dengue e do Zika, doenças transmitidas pelos mesmos mosquitos que transmitem o Chikungunya.

5. Tratamento

Não existe uma vacina para prevenir ou um medicamento para tratar o vírus chikungunya, pelo que deve ser efectuado um tratamento dos sintomas. Não existe uma terapia antiviral específica para a infeção pelo vírus chikungunya.

O tratamento é para os sintomas e pode incluir repouso, líquidos e a utilização de medicamentos anti-inflamatórios não esteróides (AINE) para aliviar a dor aguda e a febre. A dor persistente nas articulações pode beneficiar da utilização de AINEs, corticosteróides ou fisioterapia.

Não tome aspirina e outros medicamentos anti-inflamatórios não esteróides (AINEs) até que a dengue possa ser excluída para reduzir o risco de hemorragia. Tomar medicamentos como acetaminofeno (Tylenol®) ou paracetamol para reduzir a febre e a dor. As pessoas infectadas com chikungunya devem ser protegidas de mais exposição a mosquitos durante a primeira semana da doença para reduzir o risco de transmissão local.

6. Prevenção

Não existe vacina para prevenir a infeção ou a doença pelo vírus chikungunya.

Prevenir a infeção pelo vírus chikungunya evitando as picadas de mosquito (ver abaixo).

Os mosquitos que transmitem o vírus chikungunya picam sobretudo durante o dia.

Proteja-se das picadas de mosquito

Utilize o ar condicionado ou as telas das janelas/portas para manter os mosquitos no exterior. Se não conseguir proteger-se dos mosquitos em casa ou no hotel, durma debaixo de um mosquiteiro.

Ajude a reduzir o número de mosquitos no exterior da sua casa ou quarto de hotel, esvaziando a água parada de recipientes como vasos de flores ou baldes.

Quando o tempo o permitir, usar camisas de manga comprida e calças compridas.

Utilizar repelentes de insectos

- o Os repelentes que contêm DEET, picaridina, IR3535 e óleo de eucalipto-limão ou para-mentano-diol proporcionam uma proteção duradoura.
- o Se usar protetor solar e repelente de insectos, aplique primeiro o protetor solar e depois o repelente.
- o Não pulverizar repelente na pele por baixo da roupa.
- o Tratar o vestuário com permetrina ou comprar vestuário tratado com permetrina.
- o Siga sempre as instruções do rótulo quando utilizar repelente de insectos ou protetor solar.

Se tiver Chikungunya, siga estas instruções:

Durante a primeira semana de infeção, o vírus chikungunya pode ser encontrado no sangue e transmitido de uma pessoa infetada para outro mosquito através de picadas de mosquito. Um mosquito infetado pode então transmitir o vírus a outras pessoas.

Para evitar uma maior propagação do vírus, é importante que as pessoas evitem picadas de mosquito durante a primeira semana da doença.

CAPÍTULO 16.0 : AGENTES ANTIVIRAIS

Os medicamentos antivirais são compostos que impedem o desenvolvimento e a propagação de um vírus sem causar danos relevantes na célula hospedeira.

Há várias razões que explicam as dificuldades no desenvolvimento de agentes antivirais.

a) Em primeiro lugar, os vírus são parasitas intracelulares obrigatórios. Uma vez que cada etapa do ciclo de vida viral envolve funções do hospedeiro, é difícil interferir com o crescimento do vírus sem ter um impacto negativo na célula hospedeira. Os efeitos secundários são relativamente comuns

b) Em segundo lugar, os vírus clinicamente importantes são frequentemente perigosos e não podem ser propagados ou testados em sistemas modelo. Assim, os vírus que causam doenças fatais nos seres humanos (por exemplo, varíola ou várias doenças hemorrágicas) têm de ser manuseados por cientistas bem treinados e experientes e em instalações com requisitos de confinamento rigorosos.

c) Não é de surpreender que estes laboratórios sejam dispendiosos e difíceis de manter. Para além das limitações de segurança biológica, por vezes as infecções virais não podem ser adequadamente monitorizadas para o desenvolvimento de medicamentos antivirais devido à falta de modelos animais apropriados de doenças humanas (por exemplo, varíola ou sarampo) ou a dificuldades no cultivo do vírus em culturas celulares (por exemplo, HBV).

d) Um terceiro fator que limita a eficácia dos medicamentos antivíricos são os seus requisitos de potência. Idealmente, um agente antiviral deve ser extremamente potente. A inibição parcial não é aceitável para um medicamento antiviral.

Fármacos que bloqueiam os processos intracelulares necessários para a síntese de componentes virais

(i) Inibidores da replicação do genoma viral

a) Os compostos que inibem a replicação do HSV, do VZV e do HCMV incluem pró-fármacos de análogos de nucleósidos (por exemplo, valaciclovir, valganciclovir e famciclovir) que necessitam de ser fosforilados para se tornarem substratos da polimerase do ADN viral.

As enzimas virais (por exemplo, timidina quinases no HSV e no VZV e uma proteína quinase no HCMV) são responsáveis pela transformação do aciclovir, do ganciclovir e do penciclovir nos seus derivados monofosfatados.

Outras etapas de fosforilação são efectuadas por cinases da célula hospedeira. Os derivados trifosfatados do aciclovir, do ganciclovir e do penciclovir, que imitam os substratos naturais da polimerase do ADN viral, são incorporados na cadeia de ADN em crescimento e, frequentemente, põem termo à replicação viral. Por exemplo - Espectro antivírico do aciclovir (i) Eficaz contra os seguintes vírus: Vírus do herpes simplex tipo I (HSV-I), vírus do herpes simplex tipo II (HSV-2), vírus da varicela zoster (VZV), vírus de Epstein-Barr (EBV) e citomegalovírus (CMV) - menor atividade.

a) O Foscamet é um análogo do pirofosfato, um produto da reação de incorporação de nucleótidos, pelo que se comporta como um inibidor da polimerização do ADN. Utilizado para o tratamento de HSV-1, HSV-2, VZV, CMV e VIH.
b) O cidofovir é um análogo da citosina acíclica contendo fosfonato que, ao contrário dos inibidores acima descritos, não depende de enzimas virais para a sua conversão na forma trifosforilada que compete com os substratos dNTP

(ii) Fármacos que interagem com outros alvos

a) O fomivirsen tem sido utilizado como repressor da síntese de genes precoces em infecções por HCMV. Liga-se à sequência complementar no ARNm viral, bloqueando a sua tradução.

b) A ribavirina é um análogo da guanosina e, por conseguinte, resulta na inibição da polimerase do ARN, pelo que pode ser utilizada contra os vírus do ADN e do ARN, incluindo os vírus da gripe, da parainfluenza, do VSR e do vírus de Lassa.

c) A ribavirina é o medicamento de eleição para a bronquiolite e pneumonia por VSR em crianças hospitalizadas (administrado por aerossol), é um medicamento alternativo para a gripe, parainfluenza e infeção pelo vírus do sarampo em doentes imunocomprometidos.

(iii) Inibidores da montagem viral

Apesar dos esforços consideráveis desenvolvidos nos últimos anos, os medicamentos que têm como alvo a montagem de

ainda não foram aprovados para utilização clínica. Nas fases pré-clínicas de desenvolvimento, há exemplos interessantes de medicamentos que inibem a montagem dos capsídeos do VHB (por exemplo, heteroarildihidropirimidinas) e do VIH-I (CAI, CAP-1, bevirimat)

(iv) Inibidores de brotamento

Atualmente, o tratamento antiviral e a profilaxia das infecções de gripe humana, incluindo estirpes agressivas como o H5N1 aviário, baseiam-se na utilização de oseltamivir e zanamivir, que inibem a libertação do vírus infecioso.

A membrana do vírus da gripe contém uma glicoproteína (hemaglutinina) que reconhece o ácido siálico nas glicoproteínas e glicolípidos da superfície celular.

O ácido siálico é o recetor para a entrada do vírus. No entanto, os viriões recém-formados podem permanecer ligados à membrana celular devido à interação entre a hemaglutinina e o ácido siálico.

A neuraminidase viral (também conhecida como sialidase) facilita a libertação dos viriões das células infectadas através da clivagem dos resíduos de ácido siálico. O oseltamivir e o zanamivir inibem esta atividade hidrolítica.

(v) Inibidores da maturação

(vi) Medicamentos que visam a entrada viral

Os fármacos que actuam nesta fase incluem compostos que bloqueiam a fixação celular, o reconhecimento de receptores ou os mecanismos que levam à translocação do capsídeo viral para o citoplasma da célula hospedeira.

Foram aprovados dois medicamentos anti-VIH pertencentes a esta categoria: o maraviroc e a enfuvirtida. O primeiro interfere com o reconhecimento dos coreceptores, enquanto o segundo bloqueia a fusão do envelope viral com a membrana celular.

(vii) Inibidores de remoção de revestimento

Para infecções virais respiratórias como a gripe - amantadina / rimantadina e oseltamivir / zanamavir (inibidores da neuraminidase) e bronquiolite por VSR - é utilizada a ribavirina.

A Amantadina e a Rimantadina inibem o desacoplamento viral através da inibição da proteína de membrana viral M2. A amantadina tem efeitos anti-parkinsónicos. A amantadina atravessa extensivamente a BBB, enquanto a rimantadina não atravessa extensivamente. Oseltamivir / Zanamavir actuam como inibidores da neuraminidase no vírus da gripe.

A gripe contém uma enzima neuraminidase que é essencial para a replicação do vírus. Os inibidores da neuraminidase impedem a libertação de novos viriões e a sua propagação de célula para célula. O oseltamivir é administrado por via oral, enquanto o zanamavir é administrado por via intranasal. Risco de broncoespasmo com o zanamavir.

(viii) Medicamentos anti-retrovirais HAART - Terapia antirretroviral altamente ativa que inclui pelo menos três medicamentos - "cocktails" e estes medicamentos actuam de diferentes formas para reduzir a carga viral. Estes medicamentos anti-retrovirais incluem os seguintes medicamentos

- Inibidores da transcriptase reversa (ITRN) - Bloqueiam a atividade da enzima transcriptase reversa, impedindo a produção de novo ADN viral. Três tipos de inibidores da transcriptase reversa (ITRN) - ITRN nucleósidos (ITRNN) - ITRN não nucleósidos (ITRNNN) - ITRN nucleótidos (ITRNN). Por exemplo: abacavir (Ziagen) delavirdina (Rescriptor) didanosina (Videx) Iamivudina (Epivir) estavudina (Zerit) tenofovir (Viread).
- Inibidores da protease (IPs) - Inibem a enzima protease retroviral, impedindo a replicação viral - Exemplos: amprenavir (Agenerase) indinavir (Crixivan) nelfinavir (Viracept) ritonavir (Norvir) saquinavir (Invirase)
- Inibidores da fusão - Inibem a fusão viral, impedindo a replicação viral - A mais

recente classe de medicamentos anti-retrovirais - Exemplo: enfuvirtida (Fuzeon)

(ix) Os interferões pertencem à grande classe de glicoproteínas conhecidas como citocinas e o seu mecanismo de ação

- Ligam-se a receptores de membrana na superfície celular
- Pode também inibir a penetração viral, o revestimento, a síntese de ARNm e a tradução, bem como a montagem e libertação de viriões
- Estimulam a atividade citotóxica dos linfócitos, das células assassinas naturais e dos macrófagos
- Aumentam o MHC I e II e, por conseguinte, a apresentação de péptidos estranhos às células T

BIBLIOGRAFIA

Biswas S. B. e Biswas A. (2006) Introdução aos vírus. Vikas Publishing House Private Limited, Nova Deli, Índia

Bos L. (1999) Plant viruses-A text book of plant virology by. Backhuys Publishers.

Cann, A.J. . Principles OfMolecular Virology. 6ª edição. Imprensa Académica, Elsevier

Cappucino J e Sherman N. Microbiology: A Laboratory Manual. Pearson Education Limited Aneja K. R. Experiments in Microbiology, Plant Pathology AndBiotechnology. New Age International, Nova Deli, Índia

Carter, J. e Saunders, V. . Virologia: Principles and Applications. 2ª edição. João

Manual de Virologia Clínica Ed: Specter, RL Hodinka, SA Young. ASM Press.

David Greenwood e Richard C. B. Slack e John F. Peuthere, ed. 17ª Ed. Churchill Livingstone;Medical microbiology: a guide to microbial infections: pathogenesis, immunity,laboratory diagnosis and control

Dimmock, NJ, Easton, AL, Leppard, KN (2007). Introduction to Modern Virology (Introdução à Virologia Moderna). 6ª edição, Blackwell Publishing Ltd.

Flint, S.J., Enquist, L.W., Krug, R.M., Racaniello, V.R. e Skalka, AM. (2015). Princípios de

Jones, Teri Shors. Understanding Viruses. 3ª edição. Jones and Bartlett Learning,

Laboratory Biosafety Manual, OMS, http://www.who.int/csr/resources/publications/ biosafety/WHO_cds_csr_lyo_20034/en/

Levy, J.A., Conrat, H.F. e Owens, R.A. Virology. 3ª edição. Prentice Hall, EUA.

Luria S. (2018). Virologia geral. Creative Media Partners, LLC.EUA

Mackie e McCartney Microbiologia Médica PráticaJ. Gerald Collee, Andrew G. Fraser, Barrie P Marmion, Anthony Simmons

Mahy, BWJ & Kangaroo HO. 1996. Virology Methods Manual. Academic Press.

Morag C e Tim bury M C Churchil Livingstone, LondonJntroduction to Modern Virology 4th Edition by Dimmock N J, Primrose S. B. Blackwell Scientific Publications. OxfordPaíses Baixos.

Pelczar MJ, Chan ECS e Krieg NR. Microbiologia. McGraw Hill Book Company.

Stanier RY, Ingraham JL, Wheelis ML, e Painter PR. General Microbiology (Microbiologia Geral). McMillan

Microbiologia e Infecções Microbianas de Topley e Wilson por Leslie Collier e Albert Balows e Max Sussman; Ed. 9th; 6-Volume Set; Uma publicação Hodder Arnold,

Tortora GJ, Funke BR e Case CL. Microbiology: An Introduction. Pearson Education USA.

Versteeg J. (1985). Um Atlas a Cores de Virologia. Wolfe Medical Publication.

Virologia: fundamentos e aplicações Dr. C.B. Powar, Dr. SunitaBundale, Himalaya Publishing House

Virologia, Biologia Molecular, Patogénese e Controlo, 2.ª Edn. ASM press Washington DC.

Virologia, biologia molecular, patogénese e controlo. 4ª edição. ASM Press, EUA.

Wagner EK, Hewlett MJ. (2004). Virologia Básica. 2ª edição. Blackwell Publishing.

Wagner, E.K., Hewlett, M.J. e Bloom, D.C.. Basic Virology. 3ª edição. Wiley and Sons, Reino Unido.

Wiley JM, Sherwood LM e Woolverton CJ. Prescott's Microbiology. McGrawHill International

MIX
Papier aus verantwortungsvollen Quellen
Paper from responsible sources
FSC® C105338

Printed by Books on Demand GmbH, Norderstedt / Germany